本著作得到"中央高校基本科研业务费专项资金"（2242022K40010）资助

能值与建筑

彭昌海　张军学　著

东南大学出版社
SOUTHEAST UNIVERSITY PRESS

·南京·

内 容 提 要

建筑作为人类最基本的居住单元,可持续性研究一直是学者们关注的重点。特别是在碳中和的大背景下,作为碳减的核心行业之一,建筑行业的可持续发展显得尤为关键。鉴于建筑可持续性的研究方法多种多样,且侧重点各异,无法综合评估建筑的可持续性效果,本书引入能值方法,对建筑进行了定量的可持续性分析。不同于传统方法,能值理论属于生态经济学范畴,可以实现能源、资源、经济、人工服务、交通等各类因素在建筑上的综合对比。通过梳理国内外能值理论差距,对比分析国内外的发展现状,总结出了能值转换率本土化问题,推动了能值理论与我国建筑领域的深度融合,实现了更准确的建筑定量评估,为我国建筑的可持续性发展提供了助力。

图书在版编目(CIP)数据

能值与建筑 / 彭昌海,张军学著. — 南京 : 东南
大学出版社,2022.8
ISBN 978 - 7 - 5766 - 0006 - 3

Ⅰ. ①能… Ⅱ. ①彭… ②张… Ⅲ. ①建筑学-生态
经济学 Ⅳ. ①TU-023

中国版本图书馆 CIP 数据核字(2021)第 278193 号

责任编辑:宋华莉 责任校对:杨 光 封面设计:毕 真 责任印制:周荣虎

能值与建筑
Nengzhi Yu Jianzhu

著 者	彭昌海 张军学	
出版发行	东南大学出版社	
社 址	南京市四牌楼 2 号 邮编:210096 电话:025 - 83793330	
网 址	http://www.seupress.com	
电子邮箱	press@seupress.com	
经 销	全国各地新华书店	
印 刷	南京玉河印刷厂	
开 本	700mm×1000mm 1/16	
印 张	15.5	
字 数	293 千字	
版 次	2022 年 8 月第 1 版	
印 次	2022 年 8 月第 1 次印刷	
书 号	ISBN 978 - 7 - 5766 - 0006 - 3	
定 价	68.00 元	

前　言
PREFACE

　　建筑的可持续性评估是建筑界的研究主题之一,如何全方位地考量建筑可持续性是本领域的重大挑战。传统的评价方法如有效能法、能耗分析法、碳排放法等侧重点各异,无法综合评估建筑的可持续性效果。与之相比,能值理论是属于生态学范畴的综合评估方法,可以实现能源、资源、经济、排放、人工、交通等各类因素在目标建筑上的定量计算和综合评估。从评估完整度的角度考量,能值理论优于传统的评估方法。因此,本书将能值理论应用到建筑可持续领域并深入探讨。

　　生态学理论与建筑的交叉结合是当下建筑可持续性研究的热点,其中,将生态领域的能值理论应用到建筑层面实现两者的深度结合是难点之一。深度结合不仅需要将能值理论应用到目标建筑上,更关键的是实现能值方法在建筑领域的理论完善和创新。本书以钢筋混凝土建筑为研究对象,以本土化的能值理论为基本框架,关注基于能值转换率本土化后的建筑可持续性评估差异,进而反馈、补充和完善我国能值与建筑领域的理论结合和实践应用。为了与能值转换率单位一致以及简化计算,本书中的货币计算以美元为基本单位。

　　笔者首先梳理了国内外能值理论与建筑交叉研究的进展,对比分析了国内和国外的发展现状,剖析了国外研究优于国内研究的缘由,总结出核心影响因素——能值转换率本土化问题。为解决此核心矛盾,展开了七类建构元素的能值转换率本土化探索,推动了能值理论与我国建筑领域的深度结合,实现了更合理的我国建筑全生命周期能值可持续性定量评估研究。

全书从四个章节介绍了我国本土化能值转换率条件下的建筑全生命周期能值研究。

第一章主要是关于研究的基本介绍,涉及研究背景与意义、研究现状、研究内容与研究目标等。

第二章首先对能值概念进行了界定,共包含四方面内容,分别为能值概念、可再生能源的介绍、建筑能值交叉领域的特性和各类建筑能值指标;其次定义了基本的建筑能值评估体系,涉及建筑能值体系和本土化的能值理论;最后构建了完整的建筑全生命周期的能值评估体系。

第三章是本书的核心章节和难点,主要是七类建构元素的能值转换率本土化计算,包括水泥材料的能值转换率本土化计算、钢材的能值转换率本土化计算、混凝土能值转换率本土化计算、建筑玻璃能值转换率本土化计算、建筑用砖能值转换率本土化计算、建筑陶瓷能值转换率本土化计算和建筑用水能值转换率本土化计算等。

第四章是本书的案例验证部分,主要是应用第三章的七类本土化的能值转换率数据进行建筑可持续性评估,共涉及三类建筑,分别为办公类钢筋混凝土建筑、商用类钢筋混凝土建筑和住宅类钢筋混凝土建筑,进而对比分析基于国内外不同能值转换率的建筑可持续性精度差异,为后续建筑与能值的可持续性评估研究提供参考。

本书在撰写过程中参考了大量的资料,并得到国内外多家高等院校的支持,谨此表示感谢!

限于时间和水平,书中疏漏和不足之处在所难免,请各位读者批评指正,以便再版时修改。

著　者

目 录
CONTENTS

第一章
绪 论

第一节 研究背景与意义

一、研究背景

化石能源的日益枯竭已成为全球的共识,可持续性的发展成了世界各国共同努力的目标。建筑的生态可持续性评估是当前社会关注的热点,同时也是学术界研究的重点。在能源消耗的占比上,建筑能耗是主要类型之一,因而围绕建筑的能耗问题、生态问题、可持续性发展问题都成为世界各个研究机构的关注点。

建筑生态可持续性研究是绿色建筑评估的核心内容之一。建筑生态可持续是将生态学的相关概念和方法应用到建筑中,不仅仅是考量建筑能耗的损失,更重要的是将建筑和环境和谐统一起来,使得建筑和所在环境和谐相处,实现可持续性的发展目标。

要将建筑和环境统一进行评估需要特定的理论支撑,目前生态经济学领域的主流方法之一的能值理论在建筑的生态评估领域有着独特的优势。能值理论起源于生态学,是属于生态经济学的一套理论和方法,由美国佛罗里达大学国际著名的生态学家霍华德·奥德姆(Howard T. Odum)教授于 20 世纪 80 至 90 年代创立。该理论最大的优势就是以太阳能焦耳为基本度量单位,将自然系统和人工系统整合到一个评估平台,实现了多个不同种类元素在同一度量单位上的比较。正是这一特点使得能值理论在多个学科领域的研究迅速开展,如农业、工业、生态、城市、交通、建筑等。其中,基于能值理论的建筑生态性评估研究包含了可再生能源、不可再生资源、物质损耗、不可再生能源消耗、人员设备利用、维护服务等各个方面的评估单项,综合评估建筑的生态可持续性效果。

截至目前,国外的多位学者对建筑和能值的交叉研究进行了深入探讨,其中以能值理论的诞生地——佛罗里达大学为中心,开展了包括水体、绿地、湿地、建筑等生态领域的研究。其他美国的研究机构,如宾夕法尼亚大学、哥伦比亚大学等在一定程度上开展了有关能值和建筑的可持续研究。除此之外,欧洲的意大利锡耶纳大学同样是能值理论的研究重镇。20 世纪末,蓝盛芳等学者将能值理论第一次介绍到我国,国内的能值研究呈后来居上的趋势,目前在全球的能值研究版图中,我国的相关能值研究占到 30%～40% 的比重,重要性越来越凸显。总体来看,除了这些能值研究相对集中的机构,法国、巴西等国的学术机构也越来越多地参与到能值的研究中来。值得一提的是,每两年一次的能值学术最高级别盛会都会在佛罗里达大学举行,这是能值学者最高的交流平台。

国内的相关能值研究趋向于多样化,目前主要研究领域同样是以生态、农业、绿地、区域等为主,建筑和能值相结合的研究相对较少,限制的因素主要是基于我国数据的相关输入元素的能值转换率本地化问题,这正是本书重点研究的核心问题。

二、研究意义

本书研究在理论、方法和应用上具有如下意义:

理论上,首次清晰地界定了建筑与能值交叉研究的边界,涵盖了建材生产、建材运输、建造施工、建筑运营和建筑拆除等建筑全生命周期的五个阶段,为全书的深入研究提供了理论支撑。

方法上,本书首次采用定额法进行建筑能值量化计算,其量化计算模式与能值理论深度融合,完成了七类建构元素能值转换率的本土化计算,进而实现了实际案例的可持续性定量评估。

应用上,基于清晰的建筑能值研究框架,立足于定额法计算出的本土化能值转换率,完成了国内民用钢混建筑的可持续性定量评估。

整个评估结果不仅考虑了物质流、能量流等传统方法的输入特征,还将资金流、信息流等能值理论特有的输入进行了覆盖,为绿色建筑评估提供新思路的同时,也更加全面和准确地考量了建筑与环境的关系。

第二节 研究现状

全球进行能值研究的国家主要有中国、美国、意大利、巴西和法国等。这些国家的研究涉及生态、农业、城市地理、建筑等各个领域。图 1-2-1 为 2010—2014 年间全球五个能值研究国发表的文章数量对比图,从图中可以获知,中美两国的能值研究量占主体地位。

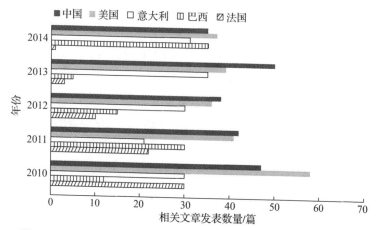

图1-2-1　2010—2014年间主要能值研究国家文章发表数量对比

一、国外研究现状

目前国外能值研究主要集中在多个领域,涉及农业领域、生态学领域、城市地理学领域、工业过程领域、建筑领域等。为了更清晰地契合本书的主题研究,笔者将国外研究梳理分为非建筑领域的能值研究动态和建筑领域的能值研究两类。

1. 非建筑领域能值研究动态

(1) 生态学领域

能值理论起源于生态学领域,是基于生态领域的基础和原理发展而来的。生态学领域的能值评估需要选定特定的评估对象,比如水体、植物系统、农业系统等。这部分的研究相对较广泛。国外方面类似的研究,如位于南美洲的阿根廷地区,研究者将能值和阿根廷的农业系统进行了结合研究,通过能值产生率、能值负载率等指标定量计算其生态程度,最终指出该领域日益严峻的生态问题。地中海气候区的西班牙对农业系统和能值强度的关系进行了深入研究,通过对动物、农业以及植被等三个层次的能值强度进行评估,力求获得能值强度和生态可持续之间的明确关系。斯洛文尼亚的学者通过应用能值系统将奶牛场的弹性变化和多个标准进了交叉研究,希望通过能值的分析结果来优化奶牛场的管理。伊朗和我国的学者共同对伊朗西南部温和气候下的小麦和玉米生产可持续性进行了能值研究,重点以能值负载率和能值投资率等指标进行定量评估。生态学家对巴西的两类水力发电厂进行了能值研究,对比洪水来临前后工厂的能值变化程度,以此评估当地的生态破坏程度。法国学者用能值理论对生物能源工厂进行了生态效率评估,通过对比有氧过程和无氧过程的能值与能量两类指标的变化,评估整个过程的可持续性。泰国的学者对泰国国内的河流和大坝进行了能值分析,期望得到政策指导。巴西学者对湿地风信子植物的数量进行了能值动态评估,分析不同湿地环境与植物种类数量之间的定量关系。

(2)城市地理学领域

在美国盖恩斯维尔举办的第四届能值研究会议上,学者们研究了包括信息和能源的能值转化因子,为其他国家的能值计算提供了参考。佛罗里达大学相关的研究者应用能值理论对比研究了发达国家和发展中国家的可持续性效果。西班牙的 Lomas 等对地中海背景的经济和能值进行了交叉研究,表明了旅游活动降低了城市的可持续性。基于能值理论和生态足迹的交叉方法,一些学者对秘鲁进行了可持续性研究。意大利的锡耶纳大学作为欧洲能值研究的重镇,长期致力于城市地理方面和能值理论的交叉研究,如基于地理学的信息系统和当地社区活动的能值交叉研究。佛罗里达大学和那不勒斯帕斯诺普大学的研究者对全球的能值进行了研究,从生态学和地理学的角度对全球经济衰退进行了分析。北京师范大学、中科院以及意大利那不勒斯帕斯诺普大学对厦门市的城市交通效率进行了研究,采用了能值分析、能量分析等综合性的理论,对城市内交通有着积极的参考价值。澳门大学的学者以澳门城市旅游为对象,采用能值分析方法,对城市的生态系统进了研究,其中交通是重要的组成部分。

(3)系统工程学领域

工业生产领域也是能值研究的重点,尤其是针对各个行业的可持续性评估,能值方法可以发挥显著的作用。

佛罗里达大学的 Brown 教授对六种发电系统做了能值的计算,通过能值指标对比,发现可再生能源的投入比化石能源更具可持续性。瑞典的研究学者通过对比能量、有效能和能值的分析结果,研究了稻草燃料在热发电过程中的作用。相对于能量和有效能,能值将人工和服务的经济成本作为评估输入,对研究结果具积极作用。巴西学者对乙醇制造过程进了可持续性评估,在以甘蔗为原料到最终的乙醇成品过程中,通过能值评估确认其整体的可持续性效果。从蔬菜油到生物柴油过程的环境评估也被中外能值研究者所关注。马来西亚的研究团队应用能值方法研究了交通部门的效益问题,为交通部门的可持续运营提供了参考。意大利的研究者同样关注垃圾管理行业的环境状况,相关学者对垃圾的三种处理方式:填埋法、焚化法和堆置肥料法进行了能值对比研究,从能值角度分析,填埋法是最不可取的一种方式。

2. 能值理论与建筑交叉研究

能值与建筑交叉领域的国外研究可分为三类,分别是:

(1) 直接应用能值理论评估

这类研究属于能值应用层面,目前主要以美国的佛罗里达大学、宾夕法尼亚大学和哈佛大学的相关学者的研究为主。这类文献不多,研究学者多以建筑背景为主,着力点是建筑实体,方法则为能值理论。瑞士和美国的学者对建筑和能值进行了交叉研究,以瑞典一栋太阳能实验楼为目标,通过能值方法分析其各种信息流,评估整栋建筑的生态可持续性效果。宾夕法尼亚大学的 Hwang Yi 综合能值方法、能量方法和回归法等三种典型方法对建筑进行评估,分析其可持续性效果。英国的南安普顿大学对绿色建筑的不同能量选取进行了能值评估,定量确定其相关优势。宾夕法尼亚大学的韩裔学者针对建筑领域专门做了能值的不确定性研究。

(2) 能值理论与建筑交叉研究

关于能值理论和建筑相关产业的研究文献占据了主体地位,这类研究涉及各行各业的专业背景,如建筑材料、建筑机械、建筑施工等,其特点是这些文献研究只限于某一领域,并没有应用到整个建筑领域,只是针对建筑某一个环节的局部研究。意大利锡耶纳大学的研究者对处于不同环境中的建筑围护进行能值生态评估,同时应用能量的角度进行再评估,通过对两种结果进行对比研究,起到了相互补充的效果。佛罗里达大学将能值方法应用到建筑领域,基于能值理论的立场对零能耗建筑进行了重新定义,对零能耗建筑的发展起到了推动作用。宾夕法尼亚大学、佛罗里达大学、马里兰大学等国际一线研究机构通过新陈代谢能值网络的方法对韩国典型的零能耗建筑进行了信息流评估和生态参数模拟,通过对能量流和能值流的分析,拓展了综合性的方法评估建筑形式,将更细致和更复杂的生态因素考虑其中,给能值和建筑交叉研究提供了一种新的思路。哥伦比亚大学工程学院的研究者以全生命周期的能值方法评估了多层建筑和单体建筑,考虑到了材料、建造、设备、户型选择、建筑更新、业主等因素,建立起了基本评估框架,对建筑领域的生态评估提供了有益的参考。

（3）能值理论与全生命周期方法交叉研究

建筑的全生命周期能值研究是建筑和能值领域的研究热点,包括建材生产阶段、材料运输阶段、建造施工阶段、运营使用阶段以及建筑拆除阶段,通过空间全生命周期的可持续性评估对零能耗建筑进行了研究。美国的学者对建筑信息系统进行了全生命周期的能值研究,发现相对于传统方法,能值方法具有综合性的优势。西班牙的学者对建筑的全生命周期评价文献进行了综述整理,同时对建筑的全生命能量周期和成本周期进行了比较研究。宾夕法尼亚大学和佛罗里达大学的研究者们将能值、能量、敏感性分析、统计方法、建筑周期等概念综合起来对建筑进行了研究。

二、国内研究现状

1. 非建筑领域

（1）生态学领域的能值研究

能值理论的产生来源于生态学领域,其领域的能值评估需要选定特定的评估对象。中国农业大学和华南农业大学的学者通过能值计算,对我国的农业生态循环系统进行了详细的生态评估。部分研究者对我国1980年到2000年间的农业系统发展进行了能值生态评估,证实农业社会到工业社会的发展主要依靠的就是不可再生资源和能源,造成整个生态系统的不可持续性。同时,传统农业系统和现代农场系统两种农业模式的对比也是学者关注的热点,虽然现在人们普遍认为现代农场系统是优于传统农业系统的,而基于能值的观点分析的结果为传统农业系统生态可持续性优于现代农场系统。早在2007年,北京大学的有关学者就对我国农业生物数量与资源开发方面的能值定量评估进行了专门研究。除了对我国整体农业进行能值研究外,农业系统中的某一个作物环节也被学者们所关注,比如湖南农业大学对水稻耕种过程进行了能值研究,相比以往的经济分析,此次研究更能体现水稻耕种和资源之间的定量关系。湖北三峡库区作为三峡大坝的所在地,其大坝建设前后的生态状况发生了明显变化,尤其是库区内的家禽和鱼类养殖业与环境的关系,呈现无规律的变化状况,相关研究人员通过能值的计算评估,找出了主流规律,促进了库区内的家禽和鱼类养殖业发展。针对西藏地区麦田和鹅类养殖数量变化的趋势,进行了能值方面的评估预测,探索了高原地区的能值研究。基于我国丰富的潮汐能,北京师范大学和青岛大学的学者们对潮汐能工厂进行了能值分析,重点研究能量效率和能值转换率之间的关系。西南大学的研究者通过能值理论对峨眉山风景区进行了生态研究。兰州财经大学的学者通过能值生态足迹的方法对甘肃省的生态安全进行了研究。兰州大学的学者对青海省生态补偿量化进行了生态足迹能值分析。西南大学对贵州省的生态经济系统进行了能值研究。

（2）城市地理学领域的能值研究

国内也有不少学者推进了这方面的研究,涉及的城市包括台北、澳门、北京、包头、上海和广州等。台湾的学者用能值方法对台北五十年的基础城市数据进行了分析,将最初的农村经济模式和之后的工业社会模式做了对比研究。研究者通过对澳门历史数据的分析,利用不同方法和指标的评估,指出其整个城市的输入能值量远大于输出能值量,对整个城市的可持续性有负面影响。中国科学院和北京师范大学等研究机构对北京的生态状况做了多个维度的能值探索,涉及不同能量的等级、经济体量、再生能源、不可再生资源等,指出北京房地产的快速发展对整个北京市的可持续发展造成了巨大的负面压力,急需解决。北京大学和水环境模拟国家重点实验室的研究者对北京市、上海市和广州市等三座一线城市进行了能值研究。除了对我国政治地位和经济地位比较重要的城市进行能值评估外,部分学者还对处于我国气候版图典型的寒冷城市——包头进行了能值研究,从城市结构、生态弹性、功能维持等角度进行评估。安徽建筑大学的相关学者应用能值方法对淮南市的生态经济系统进行了研究。浙江海洋大学的学者应用 InVEST 能值模型评估了舟山群岛的生态系统。安徽财经大学的相关管理学研究者基于能值生态足迹的模型对皖江城市带的生态压力进行了评估。

（3）系统工程学领域的能值研究

同济大学的研究者对生物质能方面的能值分析进行了综述整理。我国的造纸工业是重点污染行业,可持续发展的水平普遍比较低,对这一行业,能值研究也可以体现其价值。以中国科学院和中国人民大学为主的研究团队对我国五种主要的造纸工艺进行了能值计算,评估了整个产业的可持续性。北京大学和北京师范大学的研究者对 1997 年到 2006 年间我国工业资源状况进行了能值研究,指出这段时间的不可再生资源用量增加了一倍,对环境造成了极大的压力。垃圾管理行业也是能值理论应用的领域之一。将整个垃圾管理行业作为一个生态系统,部分学者通过能值指标对其进行了可持续性评估。四川农业大学的相关研究者对水泥行业的生态可持续性进行了能值研究。西北农林科技大学的学者进行了基于能值分析的耦合供暖系统的可持续性研究。郑州大学的学者对用水系统的效率进行了生态评估。

2. 建筑领域

我国东南大学和香港理工大学的研究者对北京和上海的低层建筑、中层建筑和高层建筑进行了能值研究,目的是评估建筑制造业的生态可持续性。该研究涉及建造周期中的建筑材料、建筑用地以及建筑废弃物,可以为本书的全生命周期的能值研究提供部分参考,但没有涉及建筑材料生产、建材运输、建筑运营等阶段的能值评估,这恰是本书的完善方向之一。

同济大学的钱锋与王伟东将能值理论应用到公共建筑中,以北京大学体育馆为例,通过能值的各项指标对体育馆进行生态性评估。王伟东博士将能值应用到体育建筑的生态评估中,将建筑全生命周期分为建筑规划设计阶段、材料生产和运输阶段、建造阶段、运营和维护阶段、更新阶段和拆除阶段共六个阶段进行能值计算,但不涉及能值转换率本土化的具体内容,作者在原文中也提到这点。本书研究的核心就是能值转换率本土化问题,可以将能值理论本土化向前推进一步。

西安建筑科技大学的学者应用能值方法对工业建筑进行了能值评估,以工业建筑为模型建立能值指标体系、判定规则和基本步骤等,该研究同样为直接应用能值进行研究,不涉及建筑全生命周期能值评估和能值转换率的本土化问题。南昌航空大学的李瑞平基于能值理论对江西省整个建筑行业生态经济系统进行了研究,结合2004年到2013年的建筑业数据,对江西省建筑业进行了纵向分析以及区域横向分析。华中科技大学的学者对建筑生态状况进行了能值研究。

三、研究现状总结

建筑与能值的交叉研究分为两类:一类是直接应用能值方法评估建筑实体;第二类就是能值理论与建筑相关产业的交叉研究,针对的是建筑行业的某一个环节的局部研究,不涉及具体的建筑实体。

国内文献对能值理论和建筑研究的文献数量有限,共同点都是将能值方法应用到我国的建筑领域,采用的建筑基本数据为我国本土数据,但是换算能值应用的能值转换率均为国外的参数,形成了基于我国建筑数据和国外能值转换率的评估模式。鉴于我国建筑与国外建筑的地域性和行业性存在着明显差异,这种模式会对我国建筑的能值可持续评估精度造成负面影响。

本书的目的就是实现我国建筑和能值转换率基础上的可持续评估,并对比国内外能值转换率背景下的评估精度差异。

第三节 研究内容和目标

一、研究内容

本书的研究内容共分为五个部分,分别是建筑全生命周期能值的五个阶段。

1. 建材生产阶段的能值计算内容

把建筑材料作为一个研究整体,涉及种类繁多的建筑材料,包括水泥、钢材、混凝土、玻璃、砖、铝材、塑料、各类试剂等。基于数量、成本、体量等各类参考标准,水泥、钢材、混凝土、玻璃、砖、陶瓷和建筑用水等建筑材料被作为重点研究对象,这七类建筑材料占据了钢筋混凝土建筑用材的大部分,同时针对这七类建筑材料的能值转换率进行本土化计算,进而完成建筑实体的可持续性评估。

2. 建材运输阶段的能值计算内容

材料运输阶段的能值计算以耗油量作为参考来计算。建筑材料运输过程的能值计算可进一步细分,如建筑材料从生产地运输到供应商仓库产生的运输能值,从供应商仓库运输到施工现场产生的能值等。

3. 建造施工阶段的能值计算内容

建造施工阶段主要包括建筑工程、装饰工程等,涉及具体的油料消耗和设备电力消耗等,如运输土方和泵送混凝土的柴油消耗等。

4. 建筑运行阶段的能值计算内容

该部分内容包括照明和办公设备的能值量、空调使用的能值量、动力设备的使用能值量、污水处理的能值量以及维护更新的能值量。由于所选案例建筑仍然处于运行阶段,故最终建筑运行阶段的能值以国家建筑能耗标准折算,从而计算其能值量。

5. 建筑拆除阶段的能值计算内容

建筑拆除阶段的能值研究包括建筑拆除能值、垃圾运输能值和垃圾处理能值。

二、研究目标

总的研究目标是,经过本课题的研究,通过对建材生产阶段的能值计算、建材运输阶段的能值计算、建造施工阶段的能值计算、建筑运营阶段的能值计算、建筑拆除阶段的能值计算等建筑全生命周期的能值评估,实现对我国典型民用钢筋混凝土建筑的生态可持续性评估,并且对比分析在国内外两类能值转换率情况下的评估精度。

第四节　组织结构与章节安排

全书共包含四个章节。

第一章主要是关于研究的基本介绍,涉及研究背景与意义、研究现状、研究内容与研究目标等。

第二章首先对能值概念进行了界定,共包含四方面内容,分别为能值概念、可再生能源的介绍、建筑能值交叉领域的特性和各类建筑能值指标;其次定义了基本的建筑能值评估体系,涉及建筑能值体系和本土化的能值理论;最后构建了完整的建筑全生命周期的能值评估体系。

第三章是本文的核心章节和难点,主要是七类建构元素的能值转换率本土化计算,包括水泥材料的能值转换率本土化计算、钢材的能值转换率本土化计算、混凝土能值转换率本土化计算、建筑玻璃能值转换率本土化计算、建筑用砖能值转换率本土化计算、建筑陶瓷能值转换率本土化计算和建筑用水能值转换率本土化计算等。

第四章是本文的案例验证部分，主要是应用第三章的七类本土化的能值转换率数据进行建筑可持续性评估，共涉及三类建筑，分别为办公类钢筋混凝土建筑、商用类钢筋混凝土建筑和住宅类钢筋混凝土建筑，进而对比分析基于国内外不同能值转换率情况下的建筑可持续性精度差异，为后续建筑与能值的可持续性评估研究提供参考。

第 二 章
能值理论与建筑全生命周期体系

///// 第一节 能值理论介绍 /////

一、能值概念及与其他类似概念的异同

1. 能值概念介绍

能值可以理解成能量记忆,由佛罗里达大学 Odum 教授提出。根据 Odum 的描述,将能值定义为"一种能量包含另一种类别能量的数量"。简单地理解,能值是某项产品和服务所消耗的能源和资源以及信息的总和,是直接和间接转化为产品或服务所消耗的能量。能值可以将不同类型的能量转化为一种形式能量(太阳能)进行计量,是衡量不同能量形式之间质量差异的指标。

能值以太阳能值为计算单位,太阳能值描述的是任何形式的能量都来自太阳,始于太阳能量,故以此为标准。单位为太阳能焦耳(solar emjoules,缩写为 sej)。

在能值领域,太阳能焦耳的定义为:1 J 的太阳能值为 1 个标准单位的能值量,其他物质可以通过计算,核算出标准太阳能焦耳量。例如,根据 Odum 在其经典著作中的核算标准,自然条件下,要获得 1 J 的风能,需要消耗 623 sej 的太阳能,获得 1 J 的雨水势能,需要消耗 4 420 sej 的太阳能等,其他依此类推。

2. 能值与其他概念的区分

(1) 能量与能值的区别

能量定义:物理学中,能量是物质所具有的基本物理属性之一,通常定义为物体做功的度量。能量以多种不同的形式存在,根据物质运动形式分类,可以分为核能、机械能、化学能、热能、电能、光能、生物质能、场能等,这些不同形式的能量之间可以相互转化。

能值定义:能值不仅包含了形成某种产品和物质传统意义上的能量,也包含了整个过程中涉及的人工服务和知识等。如果从系统的角度理解,能值等同于所有进入系统的能量流、人工流、信息流以及排放到系统外的能量流之和。

举例说明:一根木头具有的能量与它所包含的能值是两个完全不同的概念。木头的能量指其具有可做功的有效潜能(形成后的潜能);木头的能值指其形成过

程中直接和间接包含的太阳能总量(形成前的投入)。

从能量角度分析,对于平躺在地上的木头,其有效能为化学能。但是对于悬挂在空中的木头,则包含化学能和势能。而这根木头的能值则包含形成木头需要的所有能量之和,包括木头所拥有的化学能以及悬挂空中所具有的势能。

(2) 能值与碳排放的关系

本书研究根据我国最新的生态环境部第 19 号部令《碳排放权交易管理办法(试行)》文件进行定义解释。

碳排放定义:它是指煤炭、石油、天然气等化石能源燃烧活动和工业生产过程以及土地利用变化与林业等活动产生的温室气体排放,也包括因使用外购的电力和热力等所导致的温室气体排放。

能值定义及区别:能值不仅包括化石能源、土地和林业活动变化、外购电力和热力的温室气体部分,同时还包含了温室气体排放过程中投入的人工、知识、服务等信息流,其研究范围比碳排放广。

举例说明:同样以一根木头为例,其碳排放可以理解为燃烧产生的温室气体,而能值不仅包含了此木头的温室气体部分,还涉及砍伐、运输、加工成木头等过程中的信息流投入,具体见图 2-1-1 和表 2-1-1。

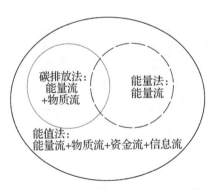

图 2-1-1　能量、碳排放与能值的区别

表 2-1-1 能值与碳排放涉及的各项计量

序号	各项计量类型	碳排放法涉及	能值方法涉及
1	建筑主体结构材料	√	√
2	建筑围护结构材料	√	√
3	建筑填充材料	√	√
4	施工设备耗油量	√	√
5	施工设备耗水量	√	√
6	施工设备耗电量	√	√
7	施工阶段智力投入	×	√
8	交通工具耗油量	√	√
9	交通工具耗水量	√	√
10	交通工具耗电量	√	√
11	交通工具智力投入	×	√
12	建筑运行耗电量	√	√
13	建筑运行燃油和燃气量	√	√
14	建筑运行耗煤量	√	√
15	建筑运行耗水量	√	√
16	建筑运行和维护智力投入	×	√
17	建筑拆除阶段耗油量	√	√
18	建筑拆除阶段耗电量	√	√
19	建筑拆除阶段耗燃气量	√	√
20	建筑拆除阶段耗水量	√	√
21	建筑拆除阶段智力投入	×	√

（3）相关理论对比

作为一种生态可持续评估方法,能值理论与其他绿色建筑评估方法(有效能、全生命周期评估、能耗分析、碳排放法)既有区别又存在统一的地方,具体分析见图 2-1-2。

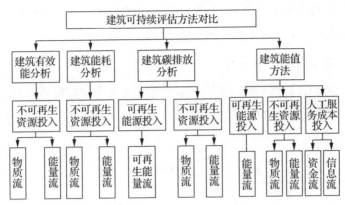

图 2-1-2　建筑可持续评估方法对比

各类方法的研究领域、研究范围和特点见表 2-1-2。

表 2-1-2　各类评估方法对比

类型	定义	研究范围	与能值方法区别
有效能	做有效功能力的潜能	无可再生能源；有不可再生资源；无人工服务成本	含部分可再生能源；无人工服务成本
能耗分析	建筑使用过程中的运行能耗	无可再生能源；有不可再生资源；无人工服务成本	无可再生能源；无人工服务成本
碳排放法	指在生产、运输、使用、回收过程中所产生的温室气体	含部分可再生能源；有不可再生资源；无人工服务成本	含部分可再生能源；无人工服务成本
能值评估	产品或劳务形成过程中直接或间接投入的包被能	有可再生能源；有不可再生资源；有人工服务成本	含可再生能源；含人工服务成本和信息流

注：1. 依据《民用建筑能耗分类及表示方法》(GB/T 34913—2017)标准，建筑能耗不包括由安装在建筑上的太阳能、风能利用设备等提供的可再生能源(非商品能源)。

2. 根据住房和城乡建设部标准定额司制定的国家标准《建筑碳排放计算标准(征求意见稿)》(GB/T 51366—2019)，建筑碳排放可再生资源为太阳能生活热水(太阳能)、光伏系统(太阳能)、地源热泵系统(地热能)和风力发电系统(风能)。

3. 建筑能值可再生能源包括太阳能、风能、雨水势能、雨水化学能和地热能。

3. 能值转换率的概念和计算

根据 Odum 的权威文件定义，能值转换率是一种比值，是 1 个单位的物质或者能量的太阳能焦耳量。常用的能值转换率单位包括 sej/kg、sej/J、sej/m³、sej/美元等，分别代表 1 个单位的物质(能量/体积/资金)对应的太阳能焦耳量。

本书中的能值转换率计算采用闭环计算原则，需要考虑可再生能源投入、不可再生资源投入、化石能源投入、人工服务投入、污染排放等整个过程中的投入,综合计算出整个系统的能值转换率,具体计算过程详见第三章。

4. 能值系统符号语言介绍

能值系统具有特定的符号语言,在系统能值流量图中有集中体现,需要根据特定的符号语言完成输入部分、输出部分等各个模块的表达区分,具体的符号语言表达见表2-1-3。

表2-1-3 常用能值系统符号介绍

符号	名称	意义
	系统边框	系统边界的系统框,代表着某个系统或者子系统等
	能量来源	包括各种形式的能量来源,涉及可再生能源、不可再生能源和资源等
	流动路线	代表着能量流、物质流、信息流等流动路线和方向
	相互作用标志	代表着不同类别能量之间的相互转化和中间环节
	储存单元	代表着储存物质、能量、货币、信息等资源
	控制评估系统	表示对一能流的输入或者输出的控制和评估等
	消费单元	从生产者获得能量,并反馈物质和服务
	能量损失	代表着有效能或潜能的损失

5. 能值计算步骤和公式

能值核算过程通常包括以下四个步骤:

(1)建立系统能值图。

(2)建立能值清单表。

(3)计算各个部分的能值量和能值指数。

(4)深入分析和优化正常讨论。

能值的基本计算公式可表示为

$$U(\mathrm{sej}) = N(\mathrm{J}) \times UEV(\mathrm{sej/J}) \tag{2.1}$$

$$U(\mathrm{sej}) = M(\mathrm{g}) \times UEV(\mathrm{sej/g}) \tag{2.2}$$

$$U(\mathrm{sej}) = V(美元) \times UEV(\mathrm{sej}/美元) \tag{2.3}$$

式中：U 代表能值；N 代表能量，单位为 J；M 代表质量，单位为 g；V 代表资金流，单位为美元；UEV 代表能值转换率。

二、建筑能值的可再生能源类型

基于我国数据且以建筑为研究目标的可再生能源的能值输入体系包括太阳能、风能、雨水势能、雨水化学能和地热能。计算依据为：太阳能能值计算需要目标建筑的面积数据和太阳光平均辐射量值；风能能值计算需要高度数据、密度数据、涡流扩散系数、风速梯度和建筑面积数据；雨水势能能值计算需要建筑面积数据、平均海拔高度数据、平均降水量、密度和重力加速度；雨水化学能能值计算需要建筑面积数据、降雨量和吉布斯自由能；地热能能值计算需要建筑体积数据、密度和比热容等。

不可再生资源的评价输入体系以建筑全生命周期的各个阶段进行评估，涉及建筑设计阶段、建材生产阶段、建材运输阶段、建造施工阶段、运营及使用阶段、建筑拆除阶段。其中建筑材料和建筑设备作为评估系统的单独能值输入，其他阶段计入我国生产水平基准下的人工和服务能值部分。

三、建筑能值的特性

能值理论与我国建筑可持续评估研究面临着三大挑战：时间成本、经济成本、行业特色。

1. 时间成本

某种意义上，建筑可以被当作一种产品。随着时间的推移，建筑各个方面都在变化，包括建筑的体量、形式、材料、设备、施工技术和维护成本等。日新月异的技术变革使得能值评估的时效性也处在快速变化中。十年前甚至五年前的研究结果可能已经有了较大的误差，需要重新修正。特别是技术变革周期越来越短，能值方面的研究需要跟上时代的发展。

2. 经济成本

建筑都是处在特定的某个区域,不同国家和地区的差异会造成建筑周边环境的千差万别,能值基础数据需要根据特定环境进行筛选和选取。能值理论的创立者 Odum 来自美国,研究对象都是基于美国的特定环境,选取的基础数据,如可再生能源数据、建筑材料数据及转化率、设备及其转化率、人工和服务等都是美国本土的数据。基于我国本土的建筑能值评估需要选取本土数据。由于研究工作量巨大等原因,早期我国学者将能值理论引入国内,绝大部分能值转换率是直接采取美国的标准,造成研究对象选取的是我国建筑但是能值转换率数据采取美国标准计算的局面,使得计算精度有着不确定性。

3. 行业特色

能值理论与行业关系紧密。按照我国国民经济行业分类,与能值相关的行业有农业、林业、牧业、渔业;采矿业;制造业;电力、热力、燃气及水生产和供应业;建筑业;交通运输业等。以上这些行业都可与能值结合进行生态可持续性评估研究。但是,能值方法需要与各个行业的具体生产或者制造过程紧密结合,所以各个行业的能值研究完全不同,需要针对特定的行业过程进行详细计算和整理。能值方法与行业过程的匹配程度决定了最终的可持续性评估效果。如建筑业的全生命周期建造过程和农业的生产过程是两个完全不同的领域,造成两个领域的能值研究也完全不同。本文选取的是建筑业和能值的交叉研究,该领域的能值研究有着独特的行业特点,涉及的能值研究过程有建材生产能值、建材运输能值、建造施工能值、运营使用能值、建筑拆除能值等。

四、建筑能值指标群

能值理论评估建筑的指标可以分为三类:第一类是能值基本指标,包括可再生能源指标、不可再生的资源指标、输入能值、输出能值、系统能值总量等;第二类是能值效率指标,涉及人均能值使用量、能值密度、能值强度、能值产出率等;第三类能值指标是综合评价指标,这类指标也是最重要的评估指标。其中能值自给率、环境负载率和可持续指标是能值评估建筑的三大指标,部分指标见表 2-1-4。

表2-1-4　能值方法评估指标群列表

指标类型	代码	指标类型	代码
资金	M	能值强度	U/P
面积	A	能值价值	U/M
人数	P	能值密度	U/A
可再生能源	R	环境负载率	ELR
不可再生资源	N	能值产生率	EYR
外界输入能值	F	能值可持续指标	ESI
总能值用量	U	能值输出	I＝U

第二节　构建建筑能值评估基本体系

一、建筑能值评估体系

图2-2-1为单体建筑能值评估基本体系。总体系统评估模式板块是位于左侧的可再生能源部分,是整个建筑系统中的积极因素,可以有效提高系统可持续效果。上侧的材料、能源、服务和人工为整个系统的主要影响环节,代表了物质流、能量流和信息流等,这是整个系统的消极因素,输入比重越大,系统的可持续性越小。中间的方框为模拟的建筑简化系统,涉及电力、建筑围护、制冷、供热和照明等。右侧为建筑模型的评估系统,可以为整个系统提供反馈信息,进而改善优化整个建筑系统。最后是下侧的排放环节,排放环节根据具体情况进行综合考量。

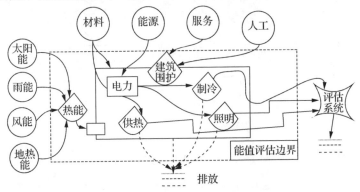

图2-2-1　单体建筑能值评估基本体系

二、本土化能值理论评估建筑研究

1. 可再生能源的本土化

可再生能源都是取自太阳对地球的能量输入,但是不同国家或地区的可再生能源的摄入量有极大的区别,以中美两国为例,地形地貌、气候条件、经纬度差异等都会影响评估结果的准确性。目前这部分的能量计算都是以估算为主,计算公式可以按照 Odum 提供的计算方式,尽量选取符合我国实际情况的环境参数,降低建筑生态可持续性评估的误差。这部分实质上是国内和国外在可再生能源经济(货币)成本方面的差异考量。

2. 不可再生资源的本土化

建筑的不可再生资源输入是能值评估的关键,包括建材生产阶段的能值本土化、建材运输阶段的能值本土化、建造施工阶段的能值本土化、运营使用阶段的能值本土化以及建筑拆除阶段的能值本土化计算等。

作为建筑的固有构成部分,建筑材料的应用占据了建筑物主要的不可再生资源消耗,故选取建筑材料作为能值转换率本土化的对象。由于建筑材料种类繁多,以用量为选取标准,选取前七位最大用量的建筑材料,分别是水泥、钢材、混凝土、砖、陶瓷、玻璃和水。这七类建筑材料的能值比重占据了整个建筑物的大部分,是影响能值评估结果准确性的最主要影响因素。

以水泥产品为例(见图 2-2-2),目前国际上通用的能值转换率是以 Odum 计算结果为主,为 1×10^{12} sej/kg。这个数值是基于美国的数据计算获得的,并且西方学者也基本认同该成果。考虑到美国和欧洲生产水平相差不大,欧洲学者利用

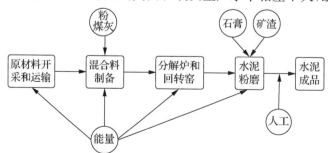

图 2-2-2　水泥工业生产流程简图

该数据进行计算是可以接受的。但是对处于亚洲的我国而言,水泥产业的生产水平和美国相差较大,直接采用此数据不能反映我国水泥行业的真实情况,最终对建筑生态评估的准确性造成较大的干扰。

除了水泥材料的能值转换率计算,其他材料的能值转换率也需要深入到各个行业的内部,从生产工艺流程角度计算基于我国数据的能值转换率。

3. 人工和服务的本土化

人工和服务的能值输入计算也是能值评估的一个重要部分。由于中美两国的发展水平、科技实力、服务层次等有着较大的差距,我国人工的平均效率低于美国的平均水平,服务水平同样与美国有着明显的差距。在我国建筑进行能值评估的过程中,应该输入与本国相匹配的人工和服务能值量。

第三节　建筑全生命周期的能值评估体系

图2-3-1为建筑全生命周期的能值研究框架图,整体共由五个部分组成,首先是左侧的可再生能源部分,其次是位于上侧的各个阶段,最中间的为建筑模拟系统,最右侧为评估系统,下侧为排放部分。

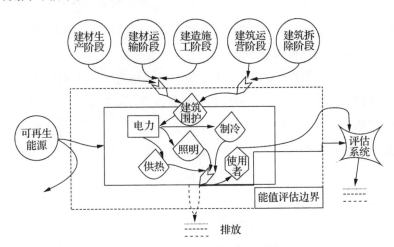

图2-3-1　建筑全生命周期能值评估范围

一、建材生产阶段分析与确定

1. 水泥能值转换率本土化基本情况

水泥工艺过程选取包括我国水泥生产体系工艺选择和主要工艺步骤确定。

水泥产品各类能值输入与输出包括我国水泥生产不可再生原料的能值输入，水泥生产可再生能源的能值输入，水泥生产过程中外界能值输入，水泥生产过程中输出能值的计算，基于我国条件的水泥生产人工能值计算等。图 2-3-2 给出了我国水泥产业的能值评估图。

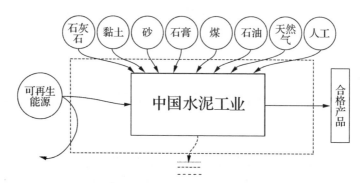

图 2-3-2　我国水泥产业的能值评估边界图

以 2014 年为例，我国生产了 21.5 亿 t 水泥，占世界水泥总产量的 58.1%。作为污染严重的重工业，水泥工业对环境有着巨大的破坏作用。因此，能值法对我国水泥产品的生态评价具有积极意义。

我国研究人员应用能值对 2010 年我国水泥行业进行了可持续性评估，结果表明，化石燃料的输入比例过大，这种能源消耗模式无法持续。有学者分析了我国新建的悬浮式预热器水泥厂的能值，着眼于研究水泥厂资源利用与环境排放之间的关系和效率。鉴于水泥行业的高投入、高污染排放，部分研究者对传统能值指标进行了修正，建立了水泥生产体系的能值评价指标。上海交通大学和东京大学的学者共同研究了我国水泥行业的全生命周期的能值评估。

水泥的能值转换率是建筑能值研究的关键和核心。在我国，水泥产品具有特殊的环境，需要独立计算以获得我国水泥的单位能值。目前，尚无研究人员以水泥定额生产为基础来计算其能值转换率。本书以目前国内主流的水泥生产线原料比计算水泥能值转换率。

2. 钢材能值转换率本土化基本情况

钢材工艺过程选取包括我国钢材生产体系工艺选择和主要工艺步骤确定。钢材产品各类能值输入与输出包括我国钢材生产不可再生原料的能值输入,可再生能源的能值输入,生产过程中外界输入的能值,钢材生产过程中输出能值的计算,基于我国条件下的钢材生产人工能值计算。

钢铁作为主要的建筑材料,在我国的建筑业中起着至关重要的作用。迄今为止,我国已成为世界上最大的粗钢生产国。尽管产量巨大,但钢铁行业仍然面临许多问题,例如生产率低下和严重的环境污染。目前,很少有研究人员研究我国钢铁产品的能值转换率,但是鉴于钢铁的能值转换率是其能值可持续性评估的核心,需要重点关注。在这种背景下,本书旨在通过工艺定额法计算钢铁产品的能值转换率。

3. 混凝土能值转换率本土化基本情况

混凝土工艺过程选取包括我国混凝土生产体系工艺选择和主要工艺步骤确定。

混凝土生产过程中各类能值输入与输出项包括混凝土生产不可再生原料的能值输入,可再生能源的能值输入,外界输入项能值计算,输出能值的计算,基于我国水平的混凝土生产人工能值计算。

4. 建筑玻璃能值转换率本土化基本情况

建筑玻璃工艺过程选取包括我国玻璃生产体系工艺选择和主要工艺步骤确定。

平板玻璃材料作为常用的建筑材料,被广泛用于建筑行业。自 1989 年以来,我国一直是全球最大的平板玻璃生产国,约占全球产量的一半。由于玻璃行业属于重工业,需要消耗大量的矿物原料和化学原料,对我国的环境产生了极大的负面影响。以 2017 年为例,我国共生产 7.9 亿箱平板玻璃,共消耗原材料 4 536 万 t,其中硅砂 3 266 万 t,长石 45 万 t,石灰石 363 万 t,纯碱 635 万 t。同时,由于高温生产条件,平板玻璃行业需要消耗大量的能源。为了定量评估平板玻璃行业的环境污染问题和能源消耗问题,能值方法被应用到该领域。通过对相关学者研究成果的整理和分析发现,能值与玻璃行业的交叉研究也呈现多个类型,如关注玻璃行业全生命周期能值的研究,对玻璃行业能值角度的经济分析等。

5. 建筑砖能值转换率本土化基本情况

建筑黏土砖工艺过程选取包括我国黏土砖生产体系工艺选择和主要工艺步骤确定。

在水泥基材料出现之前,黏土砖是我国两千多年来最常用的建筑材料之一。到目前为止,在我国仍然可以看到各种类型的黏土砖建筑,特别是在古建筑方面。然而,从黏土砖对不可再生资源的消耗以及环境的污染来看,其对建筑的可持续发展存在较为严重的消极影响。面对日益严重的环境问题,理应重视黏土砖生产过程的可持续性评估研究。

鉴于我国黏土砖方面的能值研究较少,本书对黏土砖的生产工艺过程进行了重点梳理,选取经典工艺环节,通过定额法进行黏土砖行业的能值评估和能值转换率计算,从而为最终的整个建筑可持续评估奠定基础。

6. 建筑陶瓷能值转换率本土化基本情况

建筑陶瓷工艺过程选取包括我国建筑陶瓷生产体系工艺选择和主要工艺步骤确定。

目前,我国已成为全球最大的陶瓷产品生产国。以 2016 年为例,美国从我国进口陶瓷 22.22 亿美元,占美国陶瓷进口总额的 38.56%。但是,陶瓷生产过程消耗大量资源,并产生大量污染物,使得整个建筑陶瓷行业面临不可持续发展的危机。为了定量评估建筑陶瓷行业的可持续状态,能值理论被引入建筑陶瓷行业,以实现对其过程的可持续性评估。截至目前,部分学者对陶瓷行业进行了有限的研究,如关注陶瓷行业的能耗问题,陶瓷砖行业的全生命周期研究等。但是关于陶瓷行业与能值交叉研究只有一篇意大利陶瓷行业的文章,且发表时间久远,对我国的陶瓷行业可持续性研究参考价值不大,所以有必要对我国的建筑陶瓷行业进行能值评估和能值转换率计算。

7. 建筑用水能值转换率本土化基本情况

建筑用水工艺过程选取包括我国建筑用水生产体系工艺选择和主要工艺步骤确定。

作为世界上最大的发展中国家,为了满足生活和经济发展的需要,每年都有大量的污水排放。例如,2015 年就处理了 735.3 亿 t 污水,这些污水经过处理后,少部分处理用水可以应用到建筑领域,起到辅助性的作用,如喷洒、润湿路面等。

作为污水处理的核心系统,污水处理厂需要消耗大量的资源和能源,同时排放出一定的污染物。到目前为止,针对污水厂的可持续研究有着不同的角度,如生命周期评估角度、能源和经济性能等。关于能值角度的污水厂评估研究较少,但是作为一项人工设计的系统,其可持续性的能值研究同样具有意义。本书就是基于能值理论对污水厂的生态可持续进行定量研究,进而计算出污水处理系统的能值转换率。

二、建材运输阶段分析与确定

建材运输阶段的能值计算以耗油量为能值计算依据,整个计算过程包含两个部分:建筑材料从生产地运输到供应商仓库产生的运输能值;从供应商仓库运输到施工现场产生的能值。

三、建造施工阶段分析与确定

建造施工阶段是整个建筑周期中仅次于建筑材料的资金耗损项,如施工机械的投入、施工人员的投入、施工过程能量的输入等。建造施工阶段能值计算以设备、人员和能量为参考目标,进而完成整个建造施工阶段的计算。

四、建筑运营阶段分析与确定

根据我国建筑土地使用年限统一标准,民用建筑年限为50年或者更长。建筑运营使用阶段包括各类设备的运行能值计算,主要设备寿命周期按照表 2-3-1 进行计算。

表 2-3-1　建筑运行使用阶段主要设备寿命

设备名称	使用寿命/a	平均回收率/%
照明设备	3	70
空调	15	70
动力设备	5	70
水设备	10	70

运营使用阶段的能值计算包括照明、办公设备的能值量,空调使用的能值量,动力设备(电梯、泵)的使用能值量,水(制水、污水的处理)能值量以及维护更新的

能值量。

五、建筑拆除阶段分析与确定

由于建筑拆除时需要到法定的年限,考虑到周期较长,本书建筑拆除阶段能值计算以 2018 年的中国建筑垃圾处理行业年度报告为指导文件,选取整个建筑总能值的 1% 作为拆除阶段的能值量,涉及建筑拆除能值、垃圾运输能值和垃圾处理能值等三类。

第四节　本章小结

本章首先对能值理论进行了详细介绍,涉及能值概念、能值符号语言、计算步骤和公式等;进而对能值的可再生能源类型、建筑能值特性和指标群进行了梳理和说明。其次构建了我国建筑能值的评估体系,特别是重点表述了本土化的能值理论与我国建筑的结合,包括可再生能源的本土化、不可再生资源的本土化以及人工和服务的本土化三类。最后,完成了建筑全生命周期的能值体系介绍,分别是建材生产阶段分析、建材运输阶段分析、建造施工阶段分析、建造运营阶段分析和建筑拆除阶段分析。其中建材生产阶段以水泥、钢材、混凝土、玻璃、砖、陶瓷和用水等七类建构元素的本土化能值转换率为主要计算依据,进而完成整个建筑的全生命周期的能值分析和评估。

第 三 章
建筑能值转换率本土化计算

第一节　计算依据与代表性阐述

本书中共有七类建筑元素需要进行能值转换率计算,分别是水泥、钢材、混凝土、建筑玻璃、建筑砖、建筑陶瓷和建筑用水等。因为目前七类建筑元素均可作为标准产品且有国家标准进行规范,故七类建筑元素均采用定额法计算,同时需满足国家标准,从而使得能值转换率的计算结果具有代表性。

能值转换率计算所涉及的各类国家标准包括《通用硅酸盐水泥》(GB 175—2020)、《石灰石及白云石化学分析方法》(GB/T 3286.2—2012)、《铝土矿石》(GB 24483—2009)、《工业硫酸》(GB/T 534—2014)、《煤的工业分析方法》(GB/T 212—2008)、《石膏化学分析方法》(GB 5484—2012)、《煤炭质量分级》(GB/T 15224.3—2010)、《用于水泥、砂浆和混凝土中的粒化高炉矿渣粉》(GB/T 18046—2017)、《综合能耗计算通则》(GB/T 2589—2020)等。

这些国家标准构成了七类建筑元素的计算基础,使得计算结果在全国范围内具有适用性,从而保障了其能值转换率结果的代表性。

第二节　水泥材料的能值转换率

一、材料定额法和能值方法

1. 材料定额法

目前,我国有多种不同的水泥生产线。每天5 000 t的生产规模是主流生产线,在我国水泥产业中起着举足轻重的作用。通过对水泥产业核心工艺步骤的提取,选择关键过程来计算材料和能耗,最终完成能值转换率计算。水泥工艺的核心步骤见图3-2-1,主要设备包括冷却设备、回转窑、预热器和分解炉等。

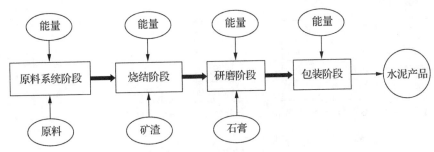

图 3-2-1 水泥工艺的核心步骤

定额法应用于能值转换率计算需要满足的一系列条件如下：

（1）成熟体系：适用于成熟的工业过程领域，该产品必须有成熟的生产体系，且在我国具有代表性。

（2）国家标准：除了成熟的生产体系，其最终产品需要具有国家标准方面的规范，以具有权威性的说服力。

（3）典型工艺：该生产体系能提炼代表性的核心工艺步骤，且具有行业公认性。

（4）其他要求：除此之外，还需要各个组分之间的定量要求，各级规范越详细越好。

满足以上条件后，可以采用定额法对产品或者物质系统进行能值转换率的计算。

2. 基础材料选取

（1）基本材料定额

标准水泥的生产需要钙质原料、黏土原料、校准原料和辅助原料。我国的水泥能源消费主要是煤炭和电力。表 3-2-1～表 3-2-4 列出了原材料的详细信息。

（2）原材料的化学组成

表 3-2-1 基本原料的化学成分 单位：%

名称	损失率	SiO_2	Al_2O_3	Fe_2O_3	CaO	MgO	SO_3	总和
石灰石	41.98	3.20	0.52	0.11	53.1	0.53	0.05	99.49
黏土	13.37	31.42	33.21	15.16	0.48	1.13	—	94.77

续表 3-2-1

名称	损失率	SiO_2	Al_2O_3	Fe_2O_3	CaO	MgO	SO_3	总和
砂岩	3.53	83.83	8.66	1.65	0.15	0.16	0.02	98.00
硫酸渣	0.58	5.00	5.29	68.21	5.96	3.12	8.59	96.75
煤	—	56.12	26.40	10.00	1.12	1.19	3.02	97.85

注:取值为小数点后两位,依据三氧化硫的含量较小,必须到后两位才能显现,具体见表格内容。

（3）石膏原材料的化学分析

表 3-2-2　石膏的化学分析　　　　　　　单位:%

名称	损失率	SiO_2	Fe_2O_3	Al_2O_3	CaO	MgO	K_2O	Na_2O	SO_3	总和
石膏	9.12	16.75	0.97	4.85	25.12	1.02	0.88	0.50	39.64	99.85

注:取值为小数点后两位,依据三氧化硫的含量较小,必须到后两位才能显现,具体见表格内容。

本研究中的原煤工业分析如下:

表 3-2-3　原煤工业分析

名称	水	灰	挥发比	热值
煤	1.10%	25.3%	8.8%	20 900 kJ/kg

注:与参考书目的取值,保持一致。

（4）所有原材料的水含量

表 3-2-4　原料的天然水分　　　　　　　单位:%

石灰石	黏土	砂岩	硫酸渣	煤	石膏	矿渣
1.5	1	15	17.6	8	4	8

注:与参考书目的取值,保持一致。

3. 水泥产品组成

（1）标准水泥化学组成

以 P·O 42.5 的硅酸盐水泥熟料为例,各主要氧化物含量的波动范围为 CaO（62%～67%）、SiO_2（20%～24%）、Al_2O_3（4%～7%）、Fe_2O_3（2.5%～6%）。

（2）标准水泥矿物类型

通常,氧化钙和氧化硅首先在高温下反应生成硅酸二钙,然后氧化钙和硅酸二钙生成硅酸三钙。四种主要矿物质类型为 $3CaO·SiO_2$（C_3S）、$2CaO·SiO_2$（C_2S）、$3CaO·Al_2O_3$（C_3A）、$4CaO·Al_2O_3·Fe_2O_3$（C_4AF）。

反应方程式如下:

$$2CaO + SiO_2 \rightleftharpoons 2CaO \cdot SiO_2\,(C_2S) \tag{3.1}$$

$$2CaO \cdot SiO_2 + CaO \rightleftharpoons 3CaO \cdot SiO_2\,(C_3S) \tag{3.2}$$

（3）材料定额法介绍

以水泥配料工艺为主要依据,确定各种水泥生产原料的配额。在整条水泥生产线上还需考虑能源定额、人工定额和排放定额,以获得水泥产品的能值转换率。

4. 能值流量图分析

绘制能值流量图可以帮助理解和分析水泥工艺的能量流系统。图3-2-2确定了我国水泥生产的能值计算边界。在这项研究中,地球生物圈能值基准使用的最新标准为1.2×10^{25} sej/a。

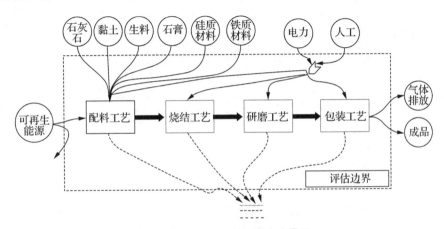

图3-2-2　水泥产品能值流量图

根据水泥能值流量图,涉及可再生能源、不可再生资源、劳务和服务以及排放等。能值体现在水泥的四个主要过程中,包括配料工艺、烧结工艺、研磨工艺和包装工艺。各个工艺过程需要输入的各个要素如下:配料工艺需要输入石灰石、黏土、生料、石膏、硅质材料、铁质材料、电力和人工等;烧结工艺、研磨工艺和包装工艺需要输入电力和人工等。

二、水泥配比计算

1. 试错法验证

试错法的目的是验证各种材料的成分比例,并通过假设和理论值的对比来确定合理原材料的比例。试验误差法的核心参考标准为石灰饱和系数、硅率和铝率。

2. 材料配比计算

通过试验误差法计算该比例。首先,根据假定的比例进行原料混合;其次,计算熟料成分;最后,进行对比验证。如果计算结果不符合要求,则需要调整原料比并重新计算,直到满足要求为止。原料配比计算结果如表3-2-5所示。

表3-2-5　原料配比计算　　　　单位:%

原料种类	湿原料比例	损失率	SiO_2	Al_2O_3	Fe_2O_3	CaO	MgO	SO_3	总和
石灰石	0.82	35.12	2.75	0.47	0.09	44.23	0.51	0.07	83.30
黏土	0.05	0.56	1.31	1.33	0.62	0.02	0.06	—	3.90
砂岩	0.12	0.42	9.63	0.98	0.19	0.03	0.03	—	11.30
硫酸渣	0.02	0.01	0.07	0.09	1.05	0.11	0.05	0.14	1.50
干原料	1.00	36.11	13.76	2.87	1.95	44.39	0.65	0.21	99.90
灼烧后原料	—	—	21.53	4.49	3.05	69.47	1.02	0.33	99.90

注:取值为小数点后两位,依据三氧化硫的含量较小,必须到后两位才能显现,具体见表格内容。

3. 煤灰掺量计算

$$G_A = \frac{qA^y s}{Q^y \times 100\%} = \frac{2\,508 \times 28.8 \times 100\%}{20\,900 \times 100\%} = 3.46\% \tag{3.3}$$

式中:G_A为熟料粉煤灰(%);q代表熟料热量消耗(kJ/kg-cl),1 g熟料单位热量消耗$=0.12 \times 20\,900 = 2\,508$(kJ/kg-cl);$A^y$代表燃油空气挥发度(%);$s$为煤灰下沉率(%);$Q^y$为煤的热值(20 900 kJ/kg)。熟料详细组成见表3-2-6。

表3-2-6　熟料组成计算值　　　　单位:%

类型	SiO_2	Al_2O_3	Fe_2O_3	CaO	MgO	SO_3	总和
燃烧基础材料	20.80	4.30	2.94	67.10	0.98	0.32	96.40
粉煤灰成分	1.94	0.90	0.35	0.04	0.04	0.10	3.38
熟料组成	22.74	5.20	3.29	67.14	1.02	0.42	99.80

注:取值为小数点后两位,依据三氧化硫的含量较小,必须到后两位才能显现,具体见表格内容。

4. 理论值与计算值对比

理论目标值设置为:

石灰饱和系数:$KH = 0.92 \pm 0.1$;

硅率:$SM=2.6\pm0.1$;

铝率:$IM=1.6\pm0.1$。

实际目标值计算为:

$$石灰饱和系数:KH=\frac{w(\mathrm{CaO})-1.65\times w(\mathrm{Al_2O_3})-0.35\times w(\mathrm{Fe_2O_3})}{2.8w(\mathrm{SiO_2})}$$

$$=\frac{65.15-1.65\times5.85-0.35\times3.48}{2.8\times23.68}=0.82 \tag{3.4}$$

$$硅率:SM=\frac{w(\mathrm{SiO_2})}{w(\mathrm{Fe_2O_3})+w(\mathrm{Al_2O_3})}=2.54 \tag{3.5}$$

$$铝率:IM=\frac{w(\mathrm{Al_2O_3})}{w(\mathrm{Fe_2O_3})}=1.68 \tag{3.6}$$

计算得出的比例非常接近目标值,因此原材料的最终比例如表 3-2-7 所示。

表 3-2-7　四种主要原料的比例　　　　单位:%

石灰石	黏土	砂岩	硫酸渣
82	5	12	2

注:表中数值都大于1,取值保留整数。

三、原材料的定额计算

以 1 g 水泥熟料为计算单元,计算出各类原料比例,进而获得石灰石、黏土、砂岩和硫酸渣在内的计算值。如果需要获得 1 g 水泥各类原料的配比,还需要考虑其他辅助材料,如标准煤、石膏和矿渣等。

1. 干材料消耗计算

考虑到粉煤灰的掺入量,干原料的理论用量以 1 g 水泥熟料单元计算,公式为

$$K_1=\frac{100-S}{100-I}=1.46(\mathrm{g/g\text{-}cl}) \tag{3.7}$$

式中:K_1 为干原料的理论消耗(g/g-cl);I 为干原料的损失率(%);S 代表煤灰量(%)。

考虑到粉煤灰的掺入量,1 g 熟料的干原料消耗计算,公式为

$$K_2=\frac{100K_1}{100-P}=1.51(\mathrm{g/g\text{-}cl}) \tag{3.8}$$

式中:K_2 为干原料消费配额(g/g-cl);P 为干原料的损失率(行业内一般取 3%)。

2. 干材料消耗定额计算

$$K_{定额} = K_2 \times A \qquad (3.9)$$

式中:$K_{定额}$代表干原料的消费配额(g/g-cl);A为干原料比重(%)。

$$K_{石灰石} = 1.513 \times 0.82 = 1.241(g/g\text{-}cl)$$

$$K_{黏土} = 1.513 \times 0.05 = 0.076(g/g\text{-}cl)$$

$$K_{砂岩} = 1.513 \times 0.12 = 0.182(g/g\text{-}cl)$$

$$K_{硫酸渣} = 1.513 \times 0.02 = 0.030(g/g\text{-}cl)$$

主要各类干原料消耗配额见表3-2-8:

表3-2-8 干原料消费配额

消耗定额 (g/g-cl)	石灰石	黏土	砂岩	硫酸渣	总和
	1.26	0.08	0.2	0.03	1.57

注:表中数据为计算数据,为保持数据真实,不做四舍五入。

3. 标准煤定额消耗计算

标准煤的定额消耗如下:

$$K_{煤} = 0.12 \ g/g\text{-}cl$$

4. 石膏的定额消耗

$$K_{石膏} = \frac{100d}{(100-d-e) \times (100-P)} = 0.057(g/g\text{-}cl) \qquad (3.10)$$

式中:$K_{干石膏}$为石膏消耗定额(g/g-cl);d、e分别代表水泥中石膏用量及混合料比例(%);P为水泥生产损失率(行业内一般取3%)。

5. 矿渣定额消耗计算

$$K_{矿渣} = \frac{100e}{(100-d-e) \times (100-P)} = 0.045(g/g\text{-}cl) \qquad (3.11)$$

式中:$K_{矿渣}$为炉渣消耗定额(g/g-cl);d、e分别代表矿渣量及混合料比例(%);P为水泥生产损失率(行业内一般取3%)。

四、湿材料的定额计算

除了计算干物料的配额外,湿物料的配额同样需要根据含水率进行计算。

1. 干湿材料转化计算

干湿材料的转化计算公式,如下:

$$湿原料＝干原料×100/(100-湿度率) \tag{3.12}$$

各类材料的含水率见表3-2-9。

表3-2-9 湿原料配比

湿原料	石灰石	黏土	砂岩	硫酸渣	总和
配比	0.83	0.05	0.14	0.02	1.04
百分比(%)	79.40	4.90	13.50	2.20	100

注:取值为小数点后两位,依据三氧化硫的含量较小,必须到后两位才能显现,具体见表格内容。

2. 天然煤定额消耗计算

$$K_{原煤}＝K_{煤}×100/(100-M_{煤})＝0.131(g/g\text{-}cl) \tag{3.13}$$

式中:$M_{煤}$为煤的含水量(8%)。

3. 天然石膏的定额消耗计算

$$K_{原石膏}＝K_{干石膏}×100/(100-M_{石膏})＝0.059(g/g\text{-}cl) \tag{3.14}$$

式中:$M_{石膏}$为石膏的含水量(4%)。

4. 天然矿渣的定额消耗计算

$$K_{原矿渣}＝K_{干矿渣}×100/(100-M_{矿渣})＝0.049(g/g\text{-}cl) \tag{3.15}$$

式中:$M_{矿渣}$为矿渣的含水量(8%)。

表3-2-10为矿渣的消耗定额数值。

表3-2-10 矿渣的消耗定额

水泥数据	$e/\%$	$d/\%$	$P/\%$	$K_{干矿渣}/(g/g\text{-}cl)$	$K_{湿矿渣}/(g/g\text{-}cl)$
标准水泥	4	5	3	0.045	0.049

注:表中数据为计算数据,为保持数据真实,不做四舍五入。

5. 所有材料的定额计算

表3-2-11为干物料和湿物料所有消耗定额的配比计算列表。

表3-2-11 原料消耗定额

类型	石灰石	黏土	砂岩	硫酸渣	煤	标准水泥	
						石膏	矿渣
水比重/%	1.5	1	15	17.6	8	4	8
$K_{干料}/(g/g\text{-}cl)$	1.24	0.076	0.182	0.03	0.12	0.057	0.045
$K_{湿料}/(g/g\text{-}cl)$	1.26	0.077	0.214	0.033	0.131	0.059	0.049

注:表中数据为计算数据,为保持数据真实,不做四舍五入。

五、典型生产线定额计算

本节是 5 000 t/d 生产线的实际规模计算结果,包括水泥熟料的年产量,水泥窑数量计算和水泥产品的生产能力评估。此水泥生产线选择低能耗标准,以计算整个水泥生产线的能值。

1. 每年水泥输出计算

生产数据如下:生产损失率为 3%;石膏量为 5%;混合材料量为 4%。设计熟料产量为 5 000 t/d,每小时产量为 208.3 t。熟料的实际产量为 5 500 t/d,每小时产量为 230 t。

熟料的年产量计算如下:

$$Q_y = (100-d-e)/(100-P) \times G_y = (100-5-4)/(100-3) \times 5\ 000 \times 360$$
$$= 1\ 692\ 000(t/a) \tag{3.16}$$

式中:Q_y 为熟料年产量要求(t/a);G_y 为水泥厂规模(t/a);d 为水泥矿渣量(%);e 为水泥混合料比例(%);P 为水泥生产损失率(3%)。

2. 水泥窑数量的计算

$$N = \frac{Q_y}{8\ 760 \times \beta \times Q_h} = 1\ 692\ 000/(8\ 760 \times 0.85 \times 230) = 0.988 \approx 1 \tag{3.17}$$

式中:N 为分解窑数量;Q_y 为熟料年产量要求(t/a);Q_h 代表精选窑的生产量(t/h);β 为窑炉年利用率(0.85);8 760 为全年的小时数。

3. 典型水泥生产线计算

$$Q_h = n \times Q_h = 1 \times 230 = 230(t/h) \tag{3.18}$$

$$Q_d = 24 \times Q_h = 230 \times 24 = 5\ 520(t/d) \tag{3.19}$$

$$Q_y = 8\ 760 \times \beta \times Q_h = 230 \times 8\ 760 \times 0.85 = 1\ 712\ 580(t/a) \tag{3.20}$$

式中:Q_h 为每小时熟料产量(t/h);Q_d 为熟料的日产量(t/d);Q_y 代表熟料年产量(t/a);β 为窑炉年利用率(0.85);8 760 为全年的小时数。

4. 人工和设备定额计算

本研究的人工和设备定额计算,参考的是我国大型水泥集团的标准 5 500 t/d 生产线,人工配额为 25.58 元/t。

整个水泥生产线的主要设施包括石灰石破碎机、生料磨、回转窑、磨煤机、干燥机、水泥磨和水泥包装机等。依据所有设备消耗的电能,可以计算出机器配额的能值。表 3-2-12 中列出了调研的所有设备参数。

表 3-2-12　水泥生产工艺主要设备

设备	类型	效率/(t/h)	数量/个	运行时间/h
石灰石破碎机	TKLPC2022.F	700	1	72
原料磨	TRM53.4	430	1	157
回转窑	Φ4.8 m×72 m	229.2	1	168
磨煤机	HRM2200	45	1	168
烘干机	Φ2.4 m×18 m	24.4	2	157
水泥磨机	Φ4.2 m×13 m	155	2	157
水泥包装机	BX-8WY	100	4	84

注:表中数据为统计数据,保持数据真实性,不作小数点统一。

表 3-2-13 为我国 5 500 t/d 水泥生产线所需的原材料和能源比例。原料比率分为湿物料比率和干物料比率两类。

表 3-2-13　原材料消耗定额计算表(5 000 t/d)

类型	湿度/%	损失/%	消耗定额/(g/g-cl) 干料	消耗定额/(g/g-cl) 湿料	原料计算/t 干料 天	原料计算/t 干料 年	原料计算/t 湿料 天	原料计算/t 湿料 年
石灰石	1.5	—	1.241	1.26	3 681.49	1 146 338.61	3 583.25	1 115 744.98
黏土	1	—	0.076	0.07	225.46	70 202.85	218.98	68 184.42
砂岩	15	—	0.182	0.21	539.91	168 117.35	608.58	189 499.54
硫酸渣	17.6	—	0.03	0.03	88.99	27 711.65	93.847	29 221.89
原料	—	3.00	1.529	1.58	4 535.87	1 412 370.45	4504.65	1 402 650.84
石膏	4	3.00	0.057	0.05	169.09	52 652.14	167.79	52 245.2
矿渣	8	3.00	0.045	0.05	133.49	41 567.48	139.35	43 390.08
煤	8	3.00	0.12	0.131	660	205 509.6	720.5	224 347.98
标准水泥	—	—	—	—	5 500	1 712 580	5500	1 712 580
电力	—	—	88 kW·h/t		$4.84×10^5$ kW·h	$1.51×10^8$ kW·h	$4.84×10^5$ kW·h	$1.51×10^8$ kW·h

注:本表为本章节的综合性表格,以实际计算结果为准,不做四舍五入。

5. 经典生产线能值计算

通过上述原料定额、能源定额、人工定额、设备定额的计算,5 500 t/d 水泥生产线的能值可以计算获得。具体的计算结果如表 3－2－14～表 3－2－16 所示。最终计算出的水泥能值转换率为 2.56×10¹² sej/kg(湿物料)和 2.46×10¹² sej/kg(干物料)。

表 3－2－14　基于不可再生资源的水泥产品能值计算

名称	湿料输入	干料输入	能值转换率	湿料能值/sej	干料能值/sej
石灰石	1 260 kg	1 241 kg	$1.27×10^{12}$ sej/kg	$1.6×10^{15}$	$1.58×10^{15}$
黏土	77 kg	76 kg	$1.68×10^{12}$ sej/kg	$1.29×10^{14}$	$1.28×10^{14}$
砂岩	214 kg	182 kg	$1.42×10^{12}$ sej/kg	$3.04×10^{14}$	$2.58×10^{14}$
矿渣	49 kg	48 kg	$4.66×10^{11}$ sej/kg	$2.28×10^{13}$	$2.24×10^{13}$
石膏	59 kg	57 kg	$1.68×10^{12}$ sej/kg	$9.91×10^{13}$	$9.58×10^{13}$
硫酸渣	33 kg	30 kg	1.68E09 sej/kg	$5.54×10^{10}$	$5.04×10^{10}$
标准煤	$2.74×10^9$ J	$2.51×10^9$ J	$8.77×10^4$ sej/J	$2.41×10^{14}$	$2.21×10^{14}$
人工服务	25.68 元	25.68 元	$1.06×10^{11}$ sej/元	$2.72×10^{12}$	$2.72×10^{12}$
电力	$3.16×10^8$ J	$3.16×10^8$ J	$4.5×10^5$ sej/J	$1.43×10^{14}$	$1.43×10^{14}$

注:本表为宏观和微观数据表格,为了保持真实性,以实际计算结果为准,不做四舍五入。

表 3－2－15　基于所有输入的水泥产品能值计算

类型	湿料	干料	能值转换率	湿料能值/sej	干料能值/sej
可再生能源					
太阳能	$3.24×10^{11}$ J		1 sej/J	$3.24×10^{11}$	
地热能	$9.41×10^7$ J		$4.37×10^4$ sej/J	$4.11×10^{12}$	
雨水势能	$7.18×10^7$ J		$3.54×10^4$ sej/J	$2.54×10^{12}$	
雨水化学能	$1.72×10^8$ J		$2.31×10^4$ sej/J	$3.97×10^{12}$	
风能	$1.19×10^8$ J		$1.90×10^4$ sej/J	$2.26×10^{11}$	
不可再生资源					
石灰石	1 260 kg	1 241 kg	$1.27×10^{12}$ sej/kg	$1.6×10^{15}$	$1.58×10^{15}$
黏土	77 kg	76 kg	$1.68×10^{12}$ sej/kg	$1.29×10^{14}$	$1.28×10^{14}$
砂岩	214 kg	182 kg	$1.42×10^{12}$ sej/kg	$3.04×10^{14}$	$2.58×10^{14}$
矿渣	49 kg	48 kg	$4.66×10^{11}$ sej/kg	$2.28×10^{13}$	$2.24×10^{13}$
石膏	59 kg	57 kg	$1.68×10^{12}$ sej/kg	$9.91×10^{13}$	$9.58×10^{13}$
硫酸渣	33 kg	30 kg	$1.68×10^9$ sej/kg	$5.54×10^{10}$	$5.04×10^{10}$
水	369 kg		$6.52×10^{10}$ sej/kg	$2.41×10^{13}$	

续表 3-2-15

类型	湿料	干料	能值转换率	湿料能值/sej	干料能值/sej
不可再生能源					
煤	2.74×10^9 J	2.51×10^9 J	8.77×10^4 sej/J	2.41×10^{14}	2.21×10^{14}
电力	3.168×10^8 J	3.168×10^8 J	4.5×10^5 sej/J	1.43×10^{14}	1.43×10^{14}
交通					
卡车	85.05 t/km		7.61×10^{11}[120]	6.47×10^{13}	
人工服务					
人工服务	25.68 元	25.68 元	1.06×10^{11} sej/元	2.72×10^{12}	2.72×10^{12}
排放					
排放	1.77×10^{10} sej				

注:本表为宏观和微观数据表格,为了保持真实性,以实际计算结果为准,不做四舍五入。

表 3-2-16　水泥产品的能值转换率计算

类型	湿料能值/sej	干料能值/sej	总湿料能值/sej	总干料能值/sej
可再生能源				
太阳能	3.24×10^{11}			
地热能	4.11×10^{12}			
雨水势能	2.54×10^{12}		1.12×10^{13}	
雨水化学能	3.97×10^{12}			
风能	2.26×10^{11}			
不可再生资源				
石灰石	1.60×10^{15}	1.58×10^{15}		
黏土	1.29×10^{14}	1.28×10^{14}		
砂岩	3.04×10^{14}	2.58×10^{14}		
矿渣	2.28×10^{13}	2.24×10^{13}	2.15×10^{15}	2.08×10^{15}
石膏	9.91×10^{13}	9.58×10^{13}		
硫酸渣	5.54×10^{10}	5.04×10^{10}		
不可再生能源				
煤	2.41×10^{14}	2.21×10^{14}	2.41×10^{14}	2.21×10^{14} sej
电力	1.43×10^{14}	1.43×10^{14}	1.43×10^{14}	

类型	湿料能值/sej	干料能值/sej	总湿料能值/sej	总干料能值/sej
交通				
卡车	2.72×10^{12}	2.72×10^{12}	2.72×10^{12}	
人工服务				
人工服务	6.47×10^{13}			
排放				
排放	1.77×10^{10}			

注:本表为宏观和微观数据表格,为了保持真实性,以实际计算结果为准,不做四舍五入。

六、结果讨论

表3-2-17为各类研究学者对水泥能值转换率计算的对比,编号1作者是Odum 在1990 年基于美国水泥数据计算出的能值转换率,由于年代久远,其计算值偏小。编号2作者计算出的水泥能值转换率为1.93×10^{12} sej/kg,其特点是计算数据参考的是我国水泥行业的宏观数据。编号3作者计算出的水泥能值转换率为3.64×10^{12} sej/kg,特点是选取的数据时间为2010 年,其值研究具有滞后性,在现实中不具有普遍适用性。

表3-2-17 能值转换率对比表

编号	能值转换率/(sej/kg)	国籍
1	1.00×10^{12}	美国
2	1.93×10^{12}	中国
3	3.64×10^{12}	中国
4	2.56×10^{12}	中国
5	2.46×10^{12}	中国

与其他学者的研究对比(见表3-2-17),本书水泥能值转换率的计算结果为2.56×10^{12} sej/kg(湿料)和2.46×10^{12} sej/kg(干料)。本研究的主要特点是基于原料定额比的能值转换率计算,其整个计算以国家标准和行业标准为基本准则,在此基础上完成水泥能值转换率的计算,其最大的特点是具有适用性,避免了宏观水泥行业数据造成的滞后,提高了水泥能值转换率精度。

第三节　钢材料能值转换率计算

一、定额法计算钢材能值转换率

1. 数据来源和定额方法

(1) 数据来源

原材料类型包括铁水、铁矿石、萤石、白云石、炉衬和石灰石。鉴于本书第四章的建筑案例中钢材来源为宝钢集团,其主流原材料的化学组成如表 3-3-1 和表 3-3-2 所示,铁水温度为 1 250 ℃。

表 3-3-1　铁水的成分

成分	C	Si	Mn	P	S
含量/%	4.1	0.85	0.41	0.135	0.012

注:表中数据来源于客观媒介,真实表达,不做统一。

表 3-3-2　其他原料成分　　　　　　　　　　　　　　　　单位:%

	CaO	SiO_2	MgO	Al_2O_3	S	P	CaF_2	FeO	Fe_2O_3	NaOH	H_2O	C
铁矿	1.0	5.62	0.52	1.1	0.001	—	—	29.4	61.8	—	0.5	—
萤石	—	6	0.58	0.78	0.09	0.55	90	—	—	—	2	—
白云石	30.8	0.46	20.2	0.74	—	—	—	—	—	47.8	—	—
炉衬	54.0	2.05	37.9	1	—	—	—	—	—	—	—	5
石灰石	91.1	1.66	1.54	1.22	0.06	—	—	—	—	4.44	—	—

注:表中数据来源于客观媒介,真实表达,不做统一。

(2) 工艺定额法原理

原料平衡原理是基于能量平衡(热力学第一定律)存在的,假设钢铁生产系统是一个封闭的反应箱,没有材料和能量损失。对于这类理想的系统,输入物料和输出物料的反应前后可以保持平衡,见图 3-3-1。输入物料的比例是定量的,同时输出物料的类型固定,这样就可以计算钢材的质量。

图 3-3-1　钢铁生产能值转换率计算原理图

输入和输出环节包含原材料和残渣。输入段原料包括铁水、铁矿石、萤石、白云石、炉衬和石灰石。输出段的化学反应残留物包括钢水、炉渣、炉气、粉尘、铁渣和飞溅物。

$$钢_{质量} = 铁水_{质量} - 氧化物_{铁水} - 损失_{铁水} + 矿石_{铁含量} \tag{3.21}$$

钢材工艺流程图分为两部分(图 3-3-2):左边部分是输入材料类型,右边部分是输出材料类型。以 100 kg 铁水为计算单位,其他输入物料为铁矿石 1 kg,萤石 0.5 kg,炉膛 0.5 kg,白云石 3 kg 和石灰石 6.52 kg。输出部分涉及钢水、O_2、N_2 炉气、炉渣、粉尘中的铁含量、铁渣等,各个部分的数量需要根据化学反应进行计算。

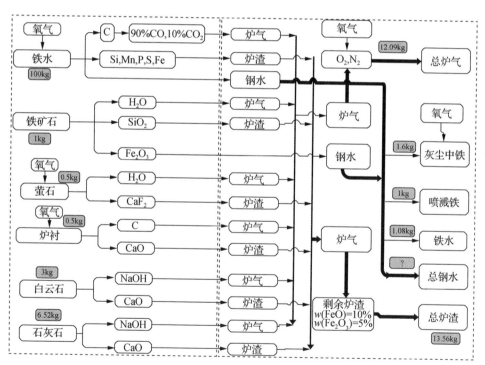

图 3-3-2　钢材产品生产过程图

以 Q235 建筑钢材的材料比为计算依据,根据能量平衡原理,可以通过输入部分和输出部分的质量和能量平衡来计算钢铁产品的能值转换率。输入材料的类型和质量是已知的，因此可以计算输入材料的总能值。根据如下公式，可以获得钢铁产品的能值转换率。

$$输入_{能值} = 铁水_{能值} + 铁矿石_{能值} + 白云石_{能值} + 炉衬_{能值} + 石灰石_{能值} + 氧气_{能值}$$

$$(3.22)$$

$$输出_{非钢材能值} = 炉渣_{能值} + 炉气_{能值} + 铁渣_{能值} + 残余_{能值} \qquad (3.23)$$

2. 钢材生产系统材料输入和输出计算

输入部分计算涉及铁水、铁矿石、烟尘、萤石、炉衬、白云石、石灰等的耗氧量和生成产物量。以 100 kg 铁水混合物为计算基础（表 3-3-3）。

表 3-3-3　铁水中各元素氧化产物量

元素	反应及其产物	元素氧化物/kg	耗氧量/kg	氧化产物量/kg
C	$C + 1/2 O_2 == CO$	$4.1 \times 90\% = 3.69$	$3.69 \times 16/12 = 4.92$	$3.69 \times 28/12 = 8.61$
C	$C + O_2 == CO_2$	$4.1 \times 10\% = 0.41$	$0.41 \times 32/12 = 1.093$	$0.41 \times 44/12 = 1.503$
Si	$Si + O_2 == SiO_2$	0.85	$0.85 \times 32/28 = 0.971$	$0.85 \times 60/28 = 1.821$
Mn	$Mn + 1/2 O_2 == MnO$	0.41	$0.41 \times 16/55 = 0.119$	$0.41 \times 71/55 = 0.529$
P	$2P + 5/2 O_2 \longrightarrow P_2O_5$	0.135	$0.135 \times 80/62 = 0.174$	$0.135 \times 142/62 = 0.309$
S	$S + O_2 == SO_2$	$0.012 \times 1/3 = 0.004$	$0.004 \times 32/32 = 0.004$	$0.004 \times 64/32 = 0.008$
S	$S + CaO == CaS + O$	$0.012 \times 2/3 = 0.008$	$0.008 \times 16/32 = 0.004$	$0.008 \times 72/32 = 0.018$
Fe	$Fe + 1/2 O_2 == FeO$	1.055	$1.055 \times 16/56 = 0.301$	1.356
Fe	$2Fe + 3/2 O_2 == Fe_2O_3$	0.475	$0.475 \times 48/112 = 0.204$	0.679
共计		7.037	7.787	14.824

注：表中数据为真实计算数据，为验证数据前后一致，不做四舍五入。

1. 金属中碳的氧化产物量共 4.1 kg，其中 90% 的碳氧化成 CO，10% 的碳氧化成 CO_2；

2. Si 元素氧化产物 SiO_2 量共 0.85 kg；

3. Mn 元素氧化产物 MnO 量共 0.41 kg；

4. P 元素氧化产物 P_2O_5 量共 0.135 kg；

5. S 元素氧化产物量共 0.012 kg，其中 SO_2 占据 33%，CaS 占据 67%；

6. Fe 元素氧化产物量共 1.53 kg，其中 FeO 为 1.055 kg，Fe_2O_3 为 0.475 kg；

7. 铁水中元素氧化物共计 7.037 kg，耗氧量 7.787 kg；

其他说明：C 元素相对原子质量选取 12、Si 元素相对原子质量选取 28、Mn 元素相对原子质量选取 55、P 元素相对原子质量选取 31、S 元素相对原子质量选取 32、Fe 元素相对原子质量选取 56。

（1）铁矿石组成计算

铁矿石加入量为 1 kg；假定矿石中 FeO 全部被还原成铁，见表 3-3-4。

表 3-3-4　矿石加入量及其成分

类型	Fe_2O_3	FeO	SiO_2	Al_2O_3	CaO	MgO	S	H_2O	共计
铁矿石	0.618	0.294	0.056	0.01	0.01	0.005	0.000 7	0.005	1.00

注：表中数值来源于客观媒介，真实表达，不做统一。

矿石中铁及含氧量计算：假定矿石中 FeO 全部被还原成铁，则计算过程如下：

$$矿石中铁元素量 = 1 \times \left(0.294 \times \frac{56}{72} + 0.618 \times \frac{112}{160} \right) = 0.66 (kg)$$

$$矿石中氧元素量 = 1 \times \left(0.294 \times \frac{16}{72} + 0.618 \times \frac{48}{160} \right) = 0.251 (kg)$$

（2）粉尘中铁消耗的计算

烟尘量为铁水量的 1.6%，其中 FeO=77%，Fe_2O_3=20%。

$$铁矿石烟尘消耗铁量 = 1.6 \times \left(77\% \times \frac{56}{72} + 20\% \times \frac{112}{160} \right) = 1.182 (kg)$$

$$铁矿石烟尘消耗氧量 = 1.6 \times \left(77\% \times \frac{16}{72} + 20\% \times \frac{48}{160} \right) = 0.37 (kg)$$

（3）萤石数量和组成的计算

100 kg 铁水中有 0.5 kg 萤石，见表 3-3-5。

表 3-3-5　萤石加入量及其成分计算

成分	质量/kg	成分	质量/kg
CaF_2	0.5×90%=0.45	P	0.5×0.55%=0.002 8
SiO_2	0.5×6%=0.03	S	0.5×0.09%=0.000 4
Al_2O_3	0.5×0.78%=0.003 9	H_2O	0.5×2%=0.01
MgO	0.5×0.58%=0.002 9	共计	0.5

注：表中数据为真实计算数据，如做四舍五入，对计算结果影响大。

生成 P_2O_5 为 0.002 8×142/62=0.007(kg)。

$$P_2O_5 产物量 = 1.6 \times (77\% \times 56/72 + 20\% \times 48/160) = 0.37 (kg)$$

$$消耗氧量 = 0.002 8 \times 80/62 = 0.004 (kg)$$

（4）炉衬损失及成分计算

100 kg 铁水中加入 0.5 kg 炉衬量，见表 3-3-6。

表 3-3-6　炉衬被侵蚀质量及成分计算

成分	质量/kg	成分	质量/kg
CaO	0.5×54%=0.27	Al_2O_3	0.5×1%=0.005
MgO	0.5×37.95%=0.19	C	0.5×5%=0.025
SiO_2	0.5×2.05%=0.01	共计	0.5

注:表中数据为真实计算数据,如做四舍五入,对计算结果影响大。

假设被侵蚀的炉衬中碳氧化,同金属中碳氧化成 CO、CO_2 的比例相同,则计算过程如下:

$$m(C \rightarrow CO) = 0.025 \times 90\% \times 28/12 = 0.053 (kg)$$

$$m(C \rightarrow CO_2) = 0.025 \times 10\% \times 44/12 = 0.009 (kg)$$

(5) 白云石数量和组成计算

白云石主要的目的是提高高炉渣中的 MgO 含量,降低炉渣对炉衬的侵蚀能力。铁水中加入 3 kg 白云石,具体计算见表 3-3-7。

表 3-3-7　白云石加入量及成分计算

成分	质量/kg	成分	质量/kg
CaO	3×30.84%=0.925	SiO_2	3×0.46%=0.014
MgO	3×20.16%=0.605	烧碱-$MgCO_3 \cdot CaCO_3$	3×47.8%=1.434
Al_2O_3	3×0.74%=0.022	共计	3

注:表中数据为真实计算数据,如做四舍五入,对计算结果影响大。

(6) 石灰石成分和质量计算(见表 3-3-8)

表 3-3-8　石灰石成分及质量

成分	质量/kg	成分	质量/kg
CaO	6.52×91.08%=5.94	S	6.52×0.06%=0.004
SiO_2	6.52×1.66%=0.108	$MgCO_3 \cdot CaCO_3$	6.52×4.44%=0.289
MgO	6.52×1.54%=0.1	共计	6.52
Al_2O_3	6.52×1.22%=0.079 5		

注:表中数据为真实计算数据,如做四舍五入,对计算结果影响大。

3. 钢材生产系统材料产量计算

钢材产品生产系统输出有两部分,分别为炉渣成分和炉气成分。

（1）炉渣成分计算

铁水氧化、矿石、炉衬、萤石、白云石和石灰所形成的炉渣成分有 CaO、MgO、SiO_2、P_2O_5、MnO、Al_2O_3、CaF_2、CaS，具体见表 3-3-9。

表 3-3-9 炉渣终渣量及成分

成分	铁水氧化量/kg	石灰/kg	矿石/kg	白云石/kg	炉衬/kg	萤石/kg	共计/kg	比例/%
CaO	—	5.933	0.008	0.925	0.27	—	7.136	52.62
MgO	—	0.1	0.005	0.605	0.19	0.003	0.903	6.65
SiO_2	1.821	0.108	0.056	0.014	0.01	0.03	2.039	15.03
P_2O_5	0.309	—	—	—	—	—	0.309	2.28
MnO	0.529	—	—	—	—	—	0.529	3.90
Al_2O_3	—	0.079 5	0.01	0.022	0.005	0.003 9	0.12	0.89
CaF_2	—	—	—	—	—	0.45	0.45	3.32
CaS	0.018	0.009	0.002	—	—	—	0.029	0.36
FeO	1.356	—	—	—	—	—	1.356	10
Fe_2O_3	0.678	—	—	—	—	—	0.678	5
共计	4.711	6.229 5	0.081	1.566	0.475	0.486 9	13.55	100

注：本表为本章节的综合性表格，以实际计算结果为准，不做四舍五入。

总炉渣量＝11.52÷（1－15％）＝13.5（kg）

（2）炉气成分计算

原材料生成的炉气有 CO、CO_2、SO_2、H_2O，见表 3-3-10 和表 3-3-11。

表 3-3-10 炉气成分、质量及体积

成分	质量/kg	含量/%
CO	8.663	72.7
CO_2	3.235	27.1
SO_2	0.008	0.07
H_2O	0.015	0.13
共计	11.92	100

注：表中数据为真实测试数据，保持真实性，不做四舍五入。

表 3 - 3 - 11 钢水质量

成分	质量/kg	说明
铁水中氧化铁	7.037	—
烟尘中铁损失量	1.182	—
渣中铁损失量	1.08	渣中铁珠量为 1.08 kg
喷溅铁损失量	1	喷溅铁损为铁水量的 1%
矿石带入铁量	0.661	100 kg 铁水
钢水	90.36	100－(7.037＋1.182＋1.08＋1)＋0.661

注:本表为本章节的综合性表格,为保持真实性,以实际计算结果为准,不做四舍五入。

根据国内同类转炉的实测数据选取:渣中铁珠量为渣量的 8%;喷溅铁损为铁水量的 1%;炉衬侵蚀量为铁水量的 0.5%。

4. 基于物料平衡的钢能值转换率计算

(1) 材料能值计算

综合获得最终的输入物料和输出物料的平衡表 3 - 3 - 12 和能值计算表 3 - 3 - 13,通过两个表格可以确定输入和输出的物料保持平衡。

表 3 - 3 - 12 物料平衡表

输入项目			输出项目		
项目	质量/kg	比例/%	项目	质量/kg	比例/%
铁水	100	83.78	钢水	90.36	75.48
石灰	6.52	5.24	炉渣	13.56	11.33
矿石	1.00	0.84	炉气	12.09	10.10
萤石	0.50	0.42	烟尘	1.60	1.34
白云石	3.00	0.42	铁珠	1.08	0.91
炉衬	0.50	2.51	喷溅	1.00	0.84
氧气	8.1	6.79			
总计	119.62	100	总计	119.69	100

注:本表为本章节的综合性表格,为保持真实性,以实际计算结果为准,不做四舍五入。

表 3-3-13　物料能值计算

输入部分				输出部分			
项目	质量/t	能值转换率/(sej/t)	能值/sej	项目	质量/t	能值转化率/(sej/t)	能值/sej
铁水	1	$8.6×10^{14}$	$8.6×10^{14}$	钢水	0.903 6	$8.55×10^{14}$	$7.73×10^{14}$
石灰	0.065 2	$1×10^{15}$	$6.52×10^{13}$	炉渣	0.135 6	$4.66×10^{14}$	$6.32×10^{13}$
矿石	0.01	$8.75×10^{14}$	$8.75×10^{12}$	炉气	1.209	$5.16×10^{13}$	$6.24×10^{13}$
萤石	0.005	$2.71×10^{15}$	$1.36×10^{13}$	烟尘	0.016	$2.12×10^{15}$	$3.39×10^{13}$
白云石	0.03	$1×10^{15}$	$3×10^{13}$	铁珠	1.08	$8.55×10^{14}$	$9.23×10^{12}$
炉衬	0.005	$1.06×10^{14}$	$5.3×10^{11}$	喷溅	0.010 8	$8.55×10^{14}$	$9.23×10^{12}$
氧气	0.081	$5.16×10^{13}$	$4.18×10^{12}$				

注:本表为本章节的综合性表格,为保持真实性,以实际计算结果为准,不做四舍五入。

(2) 人工和服务能值计算

人工输入能值的数据见表 3-3-14。

表 3-3-14　人工输入能值计算

年度	销售费用	管理费用	研发费用	财务费用	产量	能值转换率	总计
2018 年	4.89 亿元	8.31 亿元	9.85 亿元	6.12 亿元	4 849.5 万 t	$5.2×10^{12}$ sej/t	29.16 亿元

注:本表为本章节的综合性表格,为保持真实性,以实际计算结果为准,不做四舍五入。

人工和服务能值=$(29.16×10^8)/(4\ 849.5×10^4)×5.2×10^{12}=3.13×10^{14}$(sej)

(3) 能耗能值计算

能耗输入能值的数据见表 3-3-15。

表 3-3-15　能耗输入能值计算

类型	焦化工序	烧结工序	高炉工序	转炉工序	电炉工序	轧钢工序	单位	能值转化率	总计
能耗	152	55	434	—1	91	95	kgce/t	40 000 sej/J	826 kgce/t

注:本表为本章节的综合性表格,为保持真实性,以实际计算结果为准,不做四舍五入。

1. kgce/t=千克标准煤/吨;

2. 每千克标准煤的热值为 7 000 kcal(1 kcal=4.19 kJ)。

能耗能值计算=$7\ 000×0.826×4.19×1\ 000×40\ 000=9.69×10^{11}$(sej/t)

(4) 基于工艺配额法的钢铁产品能值转换率计算

根据物质平衡原理和能量平衡原理,计算的钢材能值转换率为 $2.29×10^{15}$ sej/t(见表 3-3-16)。

表 3-3-16 钢产品的能值转换率计算

输入部分				输出部分			
项目	质量/t	能值转换率/(sej/t)	能值/sej	项目	质量/t	能值转化率/(sej/t)	能值/sej
铁水	1	$8.6×10^{14}$	$8.6×10^{14}$	钢水	0.903 6	$8.55×10^{14}$	$7.73×10^{14}$
石灰	0.065 2	$1×10^{15}$	$6.52×10^{13}$	炉渣	0.135 6	$4.66×10^{14}$	$6.32×10^{13}$
矿石	0.01	$8.75×10^{14}$	$8.75×10^{12}$	炉气	1.209	$5.16×10^{13}$	$6.24×10^{13}$
萤石	0.005	$2.71×10^{15}$	$1.36×10^{13}$	烟尘	0.016	$2.12×10^{15}$	$3.39×10^{13}$
白云石	0.03	$1×10^{15}$	$3×10^{13}$	铁珠	1.08	$8.55×10^{14}$	$9.23×10^{12}$
炉衬	0.005	$1.06×10^{14}$	$5.3×10^{11}$	喷溅	0.010 8	$8.55×10^{14}$	$9.23×10^{12}$
氧气	0.081	$5.16×10^{13}$	$4.18×10^{12}$				
能耗	1	$9.68×10^{14}$	$9.68×10^{14}$	钢能值转换率:$2.29×10^{15}$ sej/t			
人工	1	$3.13×10^{14}$	$3.13×10^{14}$				

注:本表为本章节的综合性表格,为保持真实性,以实际计算结果为准,不做四舍五入。

5. 结果讨论

截至目前,比较经典的能值转换率有三类。第一类以美国佛罗里达大学的研究成果为代表,为 1996 年计算出的成果,钢材的能值转换率为 $7.8×10^{15}$ sej/t;第二类是 2019 年的成果,计算 2005—2015 年间的能值转换率,结果范围在 $4.76×10^{15}～5.64×10^{15}$ sej/t;第三类是 2009 年相关学者完成的研究,计算 1998—2004 年中国的钢材的能值转换率,其值为 $5.03×10^{15}～9.94×10^{15}$ sej/t;详情见表 3-3-17。

表 3-3-17 钢材能值转换率比较

编号	能值转换率/(sej/t)	时间
1	$7.8×10^{15}$	1996
2	$(4.76～5.64)×10^{15}$	2005—2015
3	$(5.03～9.94)×10^{15}$	1998—2004
4	$2.29×10^{15}$	2020

注:本表为本章节的综合性表格,为保持真实性,以实际计算结果为准,不做四舍五入。

鉴于以上钢材的能值转换率是基于行业宏观数据获得的结果,其数据浮动较大,对最终的计算结果有一定的负面影响,无法深入到钢材行业内部,造成计算结果偏大。本书以钢材成分定额法进行其能值转换率的计算,能有效提高计算精度,降低不确定性,为钢材的能值转换率计算提供了一种新思路。

二、基于钢铁行业数据的能值转换率计算

1. 钢铁行业数据来源

本书第四章的建筑案例实体钢材来自宝钢集团公司(图3-3-3),故本书的数据来源于宝钢集团的可持续发展报告,主要内容为2008—2018年的生产数据。其中,不可再生资源包括铁矿石、废钢、天然气、外购电、原水和标准煤等。节能措施包括余能利用、水的回收和固体废物的回收利用。本计

图3-3-3　钢产品生产高炉

算过程考虑排放影响,排放的物质包括SO_2、烟粉尘、NO_x、废水、COD(化学需氧量)、油排放等。

2. 基础输入的能值转换率计算

基础钢材产品的能值转换率计算考虑了三方面的因素,分别是物料消耗、能源消耗、人工消耗等。物料消耗主要为铁矿石、废钢和原水,能源消耗为天然气、外购电和标准煤等,人工消耗则根据2008—2018年具体数据单独计算。

表3-3-18为宝钢可持续发展报告的基本列表,表3-3-19为人工消耗能值的计算,表3-3-20为考虑物料、能量、人工之后的钢铁能值转换率。

表3-3-18　2008—2018年宝钢物料和能源的消耗列表

年份	2018	2017	2016	2015	2014	2013	2012	2011	2010	2009	2008
铁矿石/(10^4 t)	7 460	2 185	2 365	2 303	3 310.6	3 898	3 440	3 144	3 114	2 974	2 914
废钢/(10^4 t)	778	298.8	92.1	274	105.1	131.3	159	566	616.5	499	506
天然气/(10^9 m^3)	1.6	1.6	1.4	2.11	3.17	2.29	2.15	5.35	4.6	3.46	3.6
外购电/(10^9 度)	110	30.27	28.5	30.3	62.3	66.6	61.5	70.1	58.7	64.09	47.16
原水/(10^4 m^3)	15 797	6 042	6 272	6 249	9 100	9 200	10 200	11 500	10 300	10 200	12 000

续表 3 - 3 - 18

年份	2018	2017	2016	2015	2014	2013	2012	2011	2010	2009	2008
标准煤/ (10⁴ t)	—	—	941	1 124	1 520	1 555	1 639	1 629	1 545	1 540	1 684
钢总量/ (10⁴ t)	4 849.5	4 705	2 374	2 214	2 182	2 200	2 299	2 664	2 526	2 386	2 281

注:表中数据为真实统计数据,且为宏观数据和微观数据综合性表格,无法进行统一化的数据处理。

因 2017 年和 2018 年宝钢已经不再将煤炭作为能源选择,而选择效率更高的电力,所以标准煤的消耗并未进行可视化分析。

表 3 - 3 - 19　2008—2018 年人工能值消耗量计算

		2018 年	2017 年	2016 年	2015 年	2014 年	2013 年	2012 年	2011 年	2010 年	2009 年	2008 年
人工成本	人民币/ (10⁹ 元)	163.7	120.42	118.33	97.1	92.9	88	91	80.2	75.4	70.9	163.7
	美元/ (10⁹ 美元)	29.16	22.92	16.86	16.57	13.59	13.01	12.32	12.74	11.23	10.56	9.92
能值转换率/ (sej/美元)		5.2×10^{12}										
人工能值/ (10⁴ sej/t)		3.13	2.53	3.70	3.87	3.24	3.07	2.78	2.48	2.31	2.31	2.26

注:表中数据为真实统计数据,且为宏观数据和微观数据综合性表格,无法进行统一化的数据处理。

人工成本涉及销售、管理、财务和研发的总费用,通过 2008—2018 年总的钢铁生产量,可以计算出 2008—2018 年人工的能值消耗量。

表 3 - 3 - 20 为 2008—2018 年考虑到物料、能源和人工后钢材的能值转换率,特点主要有:

(1) 最高的能值转换率年份是 2014 年,为 4.32×10^{16} sej/t;最低是 2017 年,为 6.56×10^{15} sej/t。

(2) 通过图 3 - 3 - 4 的趋势,可以看到总体的发展趋势是降低的,尤其是 2017 年和 2018 年为 6.56×10^{15} sej/t 和 7.71×10^{15} sej/t,明显比 2008—2016 年转换率低。

(3) 2012 年能值转换率出现突变,相比 2011 年有一半的变化幅度,见图 3 - 3 - 4,原因是在 2012 年,我国对钢铁行业的节能进行了严格管控,涉及原水、天然气和电力,其中天然气的控制力度最大,从 9.35×10^{23} sej 削减到了 3.76×10^{23} sej,降低了近 60%,从而造成了 2011 年和 2012 年能值转换率的突变。

表 3 - 3 - 20 2008—2018 年能值计算列表 (2008—2018)

	2018	2017	2016	2015	2014	2013
铁矿石/sej	$6.528×10^{22}$	$1.91×10^{22}$	$2.6×10^{23}$	$2.53×10^{23}$	$3.64×10^{23}$	$4.29×10^{23}$
废金属/sej	$2.155×10^{22}$	$8.28×10^{21}$	$2.55×10^{21}$	$7.6×10^{21}$	$2.91×10^{21}$	$3.64×10^{21}$
天然气/sej	$2.797×10^{23}$	$2.8×10^{23}$	$2.45×10^{23}$	$3.7×10^{23}$	$5.54×10^{23}$	$4×10^{23}$
电力/sej	$6.89×10^{21}$	$1.9×10^{21}$	$1.79×10^{21}$	$1.9×10^{21}$	$3.9×10^{21}$	$4.17×10^{21}$
水/sej	$1.05×10^{20}$	$4.01×10^{19}$	$4.16×10^{19}$	$4.15×10^{19}$	$6.04×10^{19}$	$6.11×10^{19}$
标准煤/sej	0	0	$1.1×10^{22}$	$1.31×10^{22}$	$1.78×10^{22}$	$1.82×10^{22}$
人工/sej	$3.13×10^{14}$	$2.53×10^{14}$	$3.7×10^{14}$	$3.87×10^{14}$	$3.24×10^{14}$	$3.07×10^{14}$
总能值/sej	$3.74×10^{23}$	$3.09×10^{23}$	$5.2×10^{23}$	$6.46×10^{23}$	$9.43×10^{23}$	$8.55×10^{23}$
钢材总量/(10^4 t)	4 849.5	4 705	2 374	2 214.83	2 182	2 200
能值转换率/(sej/t)	$7.71×10^{15}$	$6.56×10^{15}$	$2.19×10^{16}$	$2.92×10^{16}$	$4.32×10^{16}$	$3.87×10^{16}$

	2012	2011	2010	2009	2008	
铁矿石	$3.01×10^{22}$	$2.75×10^{22}$	$2.75×10^{22}$	$2.75×10^{22}$	$2.75×10^{22}$	
废金属	$4.4×10^{21}$	$1.57×10^{22}$	$1.57×10^{22}$	$1.57×10^{22}$	$1.57×10^{22}$	
天然气	$3.76×10^{23}$	$9.35×10^{23}$	$9.35×10^{23}$	$9.35×10^{23}$	$9.35×10^{23}$	
电力	$3.85×10^{21}$	$4.39×10^{21}$	$4.39×10^{21}$	$4.39×10^{21}$	$4.39×10^{21}$	
水	$6.77×10^{19}$	$7.64×10^{19}$	$7.64×10^{19}$	$7.64×10^{19}$	$7.64×10^{19}$	
标准煤	$1.91×10^{22}$	$1.9×10^{22}$	$1.9×10^{22}$	$1.9×10^{22}$	$1.9×10^{22}$	
人工	$2.78×10^{14}$	$2.48×10^{14}$	$2.31×10^{14}$	$2.31×10^{14}$	$2.26×10^{14}$	—
总能值	$4.33×10^{23}$	$1×10^{24}$	$1×10^{24}$	$1×10^{24}$	$1×10^{24}$	
钢材总量/(10^4 t)	2 299.6	2 664	2 526.1	2 386	2 281.3	
能值转换率/(sej/t)	$1.88×10^{16}$	$3.77×10^{16}$	$3.44×10^{16}$	$2.79×10^{16}$	$3.03×10^{16}$	

注:表中数据为真实统计数据,且为宏观数据和微观数据综合性表格,无法进行统一化的数据处理。

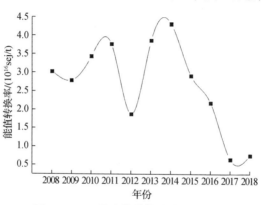

图 3 - 3 - 4 基本能值转换率计算趋势

3. 考虑到排放的能值转换率计算

主要排放污染物包括 SO_2、烟粉尘、NO_x、废水、COD、油、CO_2，基本数据和各个排放能值计算见表 3-3-21 和表 3-3-22。

表 3-3-21 主要污染物的排放量

类型	2008年	2009年	2010年	2011年	2012年	2013年	2014年	2015年	2016年	2017年	2018年
SO_2/t	33 023	26 583	18 186	15 099	11 751	9 410	8 174	6 539	6 457	6 784	7 847
粉尘/t	13 611	12 417	12 618	12 306	11 035	10 298	9 790	8 125	7 048	8 321	5 776
NO_x/t	111	30	47	48	35	30	30	26.7	26.7	21.9	17.7
废水/ (10^4 t)	3 071	2 287	2 258	2 339	1 712	1 216	1 427	1 427	1 427	1 427	1 427
COD/t	1 047	747	736	699	636	591	579	579	579	579	579
油排放/t	58	33	28	19	24	17	15	15	15	15	15
CO_2/ (kg/t)	1.43	1.11	0.75	0.57	0.51	0.43	0.38	0.3	0.3	0.32	0.36

注：表中数据为真实统计数据，且为宏观数据和微观数据综合性表格，无法进行统一化的数据处理。

表 3-3-22 每吨钢各项污染物排放能值计算

指标		2008年	2009年	2010年	2011年	2012年	2013年	2014年	2015年	2016年	2017年	2018年
二氧化硫	排放量/ (kg/t)	1.43	1.11	0.75	0.57	0.51	0.43	0.38	0.30	0.30	0.32	0.36
	能值/ (10^{14} sej/t)	15.6	12.1	8.18	6.21	5.56	4.69	4.14	3.27	3.27	3.49	3.92
粉尘	排放量/ (kg/t)	0.59	0.52	0.52	0.46	0.48	0.47	0.45	0.38	0.33	0.38	0.27
	能值/ (10^{14} sej/t)	6.43	5.66	5.67	5.01	5.23	5.12	4.91	4.14	3.59	4.14	2.94
氮氧化物	排放量/ (kg/t)	2.05	2.05	2.05	2.05	2.05	1.93	1.51	1.34	1.34	1.10	0.89
	能值/ (10^{14} sej/t)	22.3	22.3	22.3	22.3	22.3	21.0	16.4	14.6	14.6	11.9	9.7
废水	排放量/ (t/t)	1.33	0.96	0.93	0.88	0.74	0.55	0.66	0.49	0.7	0.7	0.6
	能值/ (10^8 sej/t)	8.83	6.37	6.17	5.84	4.91	3.65	4.38	3.25	4.65	46.5	39.8

续表 3－3－22

指标		2008年	2009年	2010年	2011年	2012年	2013年	2014年	2015年	2016年	2017年	2018年
化学需氧量	排放量/(kg/t)	45	31	30	26	28	27	27	16	22	21	20
	能值/(10^{13} sej/t)	2.32	1.59	1.548	1.34	1.44	1.39	1.39	0.83	1.13	1.08	1.03
废油	排放量/(g/t)	2.52	1.38	1.13	1.00	1	1	1	1	0.6	0.6	0.6
	能值/(10^{15} sej/J)	5.05	2.76	2.27	2.01	2.01	2.01	2.01	2.01	1.21	1.21	1.21
二氧化碳	排放量/(kg/t)	1.43	1.11	0.75	0.57	0.51	0.43	0.38	0.3	0.30	0.32	0.36
	能值/(10^{14} sej/t)	15.6	12.1	8.175	6.213	5.56	4.68	4.14	3.27	3.27	3.48	3.92
总能值转换率/(10^{15} sej/t)		30.3	27.9	34.4	37.7	1.88	3.87	4.32	2.92	21.9	6.56	7.71
考虑排放/(10^{15} sej/t)		41.4	35.9	41.1	43.7	24.7	44.3	48.2	33.7	25.6	9.68	9.78

注:表中数据为真实统计数据,且为宏观数据和微观数据综合性表格,无法进行统一化的数据处理。

考虑气体和液体排放后的能值转换率变化有如下特点:考虑排放后 2008—2018 年的能值转换率均不同程度地增大,增量占比提高了 6%～20%,见图 3－3－5;考虑气体和液体排放后能值转换率线性变化预测仍为变小趋势,相比未考虑液体和气体排放的线性预测变陡,见图 3－3－6。

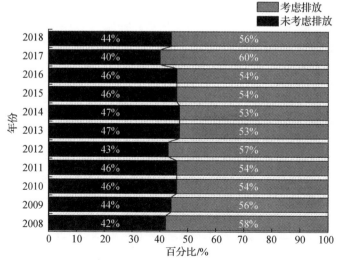

图 3－3－5　考虑气体和废液后的能值转换率比率变动

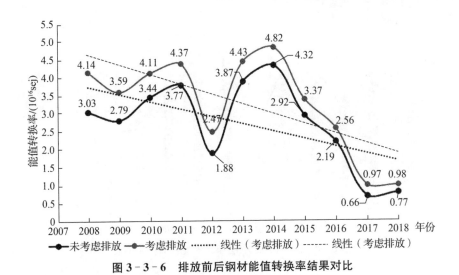

图 3‑3‑6　排放前后钢材能值转换率结果对比

4. 考虑节能措施能值转换率计算

考虑回收余能和水的再利用后,2008—2018 年的钢材能值转换率呈现普遍降低趋势,浮动范围在 3‰～4‰之间,且证明回收余能和水的再利用措施对钢材能值转换率具有积极的影响,具体变化见表 3‑3‑23、图 3‑3‑7。

表 3‑3‑23　2008—2018 年主要能源指标

	指标	2008年	2009年	2010年	2011年	2012年	2013年	2014年	2015年	2016年	2017年	2018年
余能回收	吨标准煤当量/(10^4 tce)	129.6	136.8	151.2	168.8	144	124.8	121.6	126.9	135.3	274.8	278.5
	能值/(10^{14} sej/t)	35.8	33.7	15.7	14.0	15.5	16.6	19.3	22.3	18.7	8.52	7.83
钢水回收	吨标准煤当量/(m^3/t)	5.20	4.27	4.20	4.31	4.45	4.17	4.4	4.2	4.1	3.52	3.564
	能值/(10^{12} sej/t)	2.37	2.34	2.72	2.79	2.92	2.77	2.95	2.86	2.79	2.84	3.45
能值转换率/(10^{15} sej/t)		41.4	35.9	41.1	43.7	247	44.3	48.2	33.7	25.6	9.68	9.78
考虑余能/(10^{15} sej/t)		37.8	32.5	39.5	42.3	23.1	42.6	46.3	31.5	23.7	8.83	8.99

注:表中数据为真实统计数据,且为宏观数据和微观数据综合性表格,无法进行统一化的数据处理。

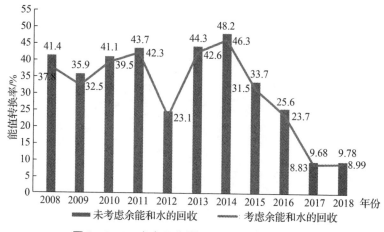

图 3-3-7　考虑回收能和水的能值转换率对比

5. 考虑固体废物再利用能值转换率计算

根据表 3-3-24~表 3-3-27 以及图 3-3-8,考虑固体废物回收后的,钢材能值转换率的数值会再次呈现降低的趋势。在考虑余能和水回收利用的基础上,再次考虑固体废物的利用后,钢材的能值转换率降低比例范围为 4%~8%。

表 3-3-24　固体废物产生量　　　　　　　　单位:10⁴ t

年份	高炉渣	钢渣	炉渣和粉煤灰	含铁沉泥	危险废物	其他
2018	534.03	275.29	28.1	151.6	1.61	237.7
2017	544.93	280.92	28.7	154.7	1.64	242.5
2016	556.05	286.65	29.3	157.8	1.67	247.5
2015	567.4	292.5	29.9	161.1	1.71	252.6
2014	595.6	343	29	161.9	1.62	245.4
2013	577.05	366.32	35.44	171.14	1.57	256.3
2012	589.24	370.22	45.06	191.17	2.72	275.8
2011	638.25	445.6	46.86	218.48	5.4	310.9
2010	590.3	443	48.7	202.2	6.96	270.7
2009	571	457	46	196	6	215
2008	552.07	384.49	51.08	171.25	8.8	218.8

注:表中数据为真实统计数据,且为宏观数据和微观数据综合性表格,无法进行统一化的数据处理。

表 3-3-25 固体废物能值计算

年份		2018	2017	2016	2015	2014	2013	2012	2011	2010	2009	2008
炉渣/(10^4 t)		534	544	556.05	567.4	595.6	577.05	589.24	638.25	590.3	571	552.07
总钢	质量/(10^4 t)	4 849.5	4 705	2 374	2 214.8	2 182	2 200	2 299	2 664	2 526	2 386	2 281
	能值/(10^{14} sej)	5.1	5.4	1.1	1.2	1.3	1.2	1.2	1.1	1.1	1.1	1.1
钢渣	质量/(10^4 t)	275.29	280.92	286	292	343	366.3	370.2	445.6	443	457	384
	能值/(10^{15} sej)	0.39	0.41	0.83	0.91	1.1	1.1	1.1	1.2	1.2	1.3	1.1
炉渣	质量/(10^4 t)	28.1	28.7	29.3	29.9	29	35.4	45	46.8	48.7	46	51
	能值/(10^{14} sej)	0.8	0.8	1.7	1.8	1.8	2.2	2.7	2.4	2.6	2.6	3.1
沉泥	质量/(10^4 t)	151.6	154.7	157.8	161.1	161.9	171.1	191.1	218.4	202.2	196	171.2
	能值/(10^{13} sej)	4.1	4.3	8.7	9.5	9.7	10	11	11	10	11	9.7
废物	质量/(10^4 t)	1.61	1.64	1.67	1.71	1.62	1.57	2.7	5.4	6.9	6	8.8
	能值/(10^9 sej)	5.6	5.8	1.2	1.3	1.2	1.2	1.9	3.4	4.6	4.2	6.5
其他	质量/(10^4 t)	237.7	242.5	247.5	252.6	245.4	256.2	275.8	310.9	270.7	215	218.8
	能值/(10^{11} sej)	0.82	0.86	1.7	1.9	1.9	1.9	2	1.9	1.8	1.5	1.6

注：表中数据为真实统计数据，且为宏观数据和微观数据综合性表格，无法进行统一化的数据处理。

表 3-3-26 各成分的能值转换率

	高炉渣	钢渣	炉渣和粉煤灰	含铁沉泥	危险废物
能值转换率/(sej/kg)	4.66×10^{11}	6.97×10^{15}	1.4×10^{16}	1.32×10^{15}	1.68×10^{12}

注：表中数据为真实统计数据，且为宏观数据和微观数据综合性表格，无法进行统一化的数据处理。

表 3 - 3 - 27　综合利用率　　　　　　　　　　　　　单位:%

年份	2008	2009	2010	2011	2012	2013	2014	2015	2016	2017	2018
综合利用率	98.3	98.26	98.6	98.8	98.9	98.9	99.2	99.4	99.2	99.2	99.2
危险废物安全处置率	100	100	100	100	100	100	100	100	100	100	100

注:表中数据为真实统计数据,且为宏观数据和微观数据综合性表格,无法进行统一化的数据处理。

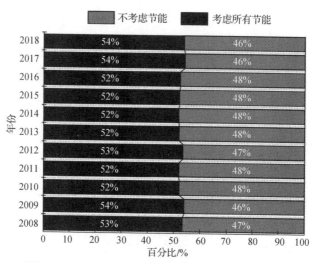

图 3 - 3 - 8　考虑所有节能后的能值转换率比率变动

6. 四类输入背景下的能值转换率对比分析

根据 2008—2018 年的数据采集,表 3 - 3 - 28 和图 3 - 3 - 9、图 3 - 3 - 10 展示了四类不同输入情况下的钢材能值转换率计算结果对比。图 3 - 3 - 9 中最下面的曲线是基本输入计算,包括物质、能量和人工等计算得出的钢材能值转换率(第 1 轮计算)。

表 3 - 3 - 28　四类钢材能值转换率计算　　　　　　单位:10^{16} sej/t

年份	2008	2009	2010	2011	2012	2013	2014	2015	2016	2017	2018
基础计算	3.03	2.79	3.44	3.77	1.88	3.87	4.32	2.92	2.19	0.65	0.77
气体排放	4.14	3.59	4.11	4.37	2.47	4.43	4.82	3.37	2.56	0.96	0.97
余能和水	3.78	3.25	3.95	4.23	2.32	4.26	4.63	3.15	2.37	0.88	0.9
固体废物	3.63	3.07	3.79	4.07	2.16	4.11	4.50	3.11	2.34	0.82	0.84

注:表中数据为真实统计数据,且为宏观数据和微观数据综合性表格,无法进行统一化的数据处理。

能值转换率/(10^{16}sej/t)
5.5
5.0
4.5
4.0
3.5
3.0
2.5
2.0
1.5
1.0
0.5
0
基础计算(第1轮计算)
气体排放(第2轮计算)
余能和水(第3轮计算)
固体废物(第4轮计算)
2008 2009 2010 2011 2012 2013 2014 2015 2016 2017 2018
年份

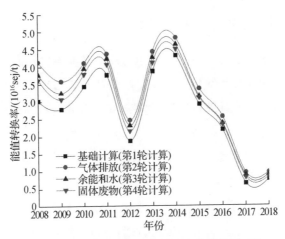

图 3-3-9 四类钢材能值转换率计算结果对比

在此基础上考虑气体排放的影响，见最上面的红色曲线，例如对于 2012 年的钢材能值转换率基础值为 1.88×10^{16} sej/t，考虑气体排放后为 2.47×10^{16} sej/t，图 3-3-10 指出两者之间有 7%的差距(第 2 轮计算)。

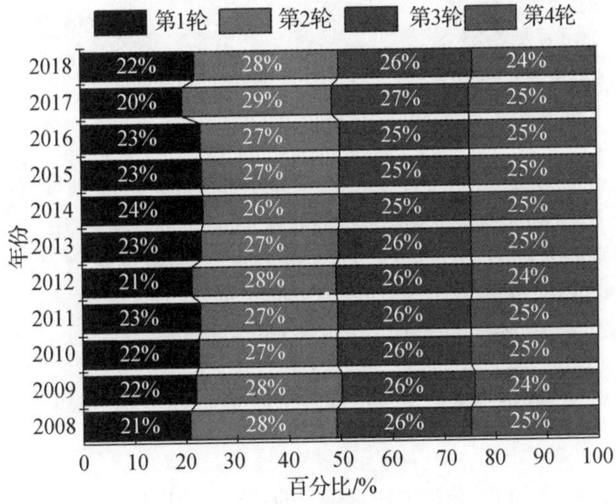

第1轮
第2轮
第3轮
第4轮
年份
2018 22% 28% 26% 24%
2017 20% 29% 27% 25%
2016 23% 27% 25% 25%
2015 23% 27% 25% 25%
2014 24% 26% 25% 25%
2013 23% 27% 26% 25%
2012 21% 28% 26% 24%
2011 23% 27% 26% 25%
2010 22% 27% 26% 25%
2009 22% 28% 26% 24%
2008 21% 28% 26% 25%
0 10 20 30 40 50 60 70 80 90 100
百分比/%

图 3-3-10 四类钢材能值转换率比率对比

考虑余能回收和水的再利用后，钢材能值转换率会减小。同样以 2012 年为例，其值变为 2.32×10^{16} sej/t，降低 2 个百分比(第 3 轮计算)。

最后，考虑固体废物利用后再次减小，2012 年的钢材能值转换率变为 2.16×10^{16} sej/t，再次降低 2 个百分比(第 4 轮计算)。

三、两类方法的能值转换率对比分析

本节的目的是对两类方法背景下的钢材能值转换率进行对比研究,其中理想能值转换率指的是定额法计算值。由于定额法的计算值采用的是材料配比法,属于微观层面的能值转换率计算,可以将这一数值作为最终的能值转换率目标值,其他四类输入的钢材能值转换率值是基于宏观层面的数据。

从图 3-3-11 来看,其他四类钢材能值转换率相比理想情况下的值要大得多,尽管 2017 年和 2018 年钢材能值转换率大幅度降低,可持续性显著提高,但与理想钢材能值转换率仍有一定差距。说明整个钢材生产的可持续性仍然需要提升。可以看到,从 2017 年开始宝钢公司对钢铁生产进行了可持续性提升,效果明显,从 2% 提升到 6%。

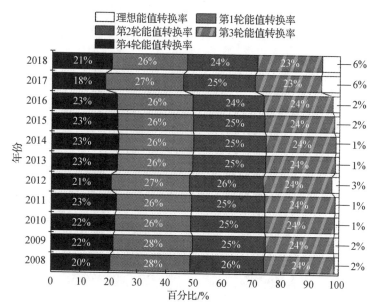

图 3-3-11　两类方法背景下的钢材能值转换率比率变化

图 3-3-12 是五类钢材能值转换率线性预测,假设理想钢材能值转换率处于平稳状态,其他四类输入背景下的钢能值转换率均具有逐年降低的趋势,说明宝钢钢材的可持续性在逐年提高。其中,变动最大的是考虑废气之后的钢材能值转换率,其他依次为考虑余能和水、考虑固体废物利用,最小的是基础钢材能值转换率。结果表明,理想的钢材能值转换率与其他的能值转换率差距明显,需要考虑各种措

施提升钢材的可持续性水平。

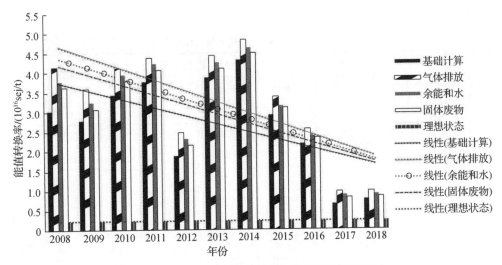

图 3‑3‑12 两类方法的钢材能值转换率趋势预测

第四节 混凝土材料能值转换率

混凝土是由水泥、石子、砂子、水和外加剂搅拌而成,但是由于外加剂加入比重较小(约 1%),且作为一项综合性化学试剂,所以本节混凝土的能值转换率暂时不考虑计算外加剂输入。

根据混凝土组成成分的单项能值转换率可以获得混凝土的能值转换率。图 3‑4‑1 是混凝土产品生产的基本流程图。

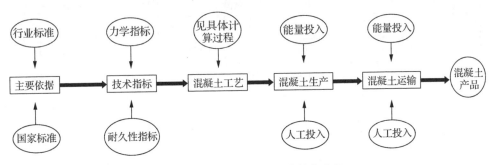

图 3‑4‑1 混凝土产品生产基本流程

表 3-4-1 是目前国内各个主要强度标号的混凝土配比,强度范围从最低的 10 MPa 到最高的 60 MPa。

表 3-4-1 主要混凝土配合比设计

标号	密度/ (kg/m³)	主材名称及质量/kg				
		水泥	砂	石子	水	质量配合比
C10	2 360	264	711	1 211	185	1 : 2.69 : 4.59 : 0.7
C15	2 375	310	643	1 247	160	1 : 2.07 : 4.02 : 0.52
C20	2 490	343	621	1 261	175	1 : 1.81 : 3.68 : 0.51
C25	2 410	398	566	1 261	175	1 : 1.42 : 3.17 : 0.44
C30	2 420	352	676	1 202	190	1 : 1.92 : 3.14 : 0.54
C35	2 430	386	643	1 194	197	1 : 1.67 : 3.09 : 0.51
C40	2 440	398	649	1 155	199	1 : 1.63 : 2.90 : 0.50
C45	2 450	456	622	1 156	196	1 : 1.36 : 2.53 : 0.43
C50	2 460	468	626	1 162	192	1 : 1.33 : 2.47 : 0.41
C55	2 470	395	610	1 150	160	1 : 1.54 : 2.91 : 0.40
C60	2 480	521	675	1 055	162	1 : 1.30 : 2.02 : 0.31

注:表中数值为标准统计数据,为保持数据真实,不做四舍五入。

根据本书中计算出的水泥能值转换率为计算依据,选取湿料水泥的能值转换率为 2.56×10^{12} sej/kg,砂子的能值转换率为 1×10^{12} sej/kg,石子的能值转换率为 1×10^{12} sej/kg,水的能值转换率为 3.4×10^{9} sej/kg。表 3-4-2 计算了各个强度标号的混凝土能值转换率。

表 3-4-2 主要混凝土能值转换率计算

标号	主材名称及质量/kg					能值转换率/ (sej/kg)
	水泥	砂	石子	水	质量配合比	
C10	264	711	1 211	185	1 : 2.69 : 4.59 : 0.7	9.89×10^{12}
C15	310	643	1 247	160	1 : 2.07 : 4.02 : 0.52	8.7×10^{12}
C20	343	621	1 261	175	1 : 1.81 : 3.68 : 0.51	8.1×10^{12}
C25	398	566	1 261	175	1 : 1.42 : 3.17 : 0.44	7.2×10^{12}
C30	352	676	1 202	190	1 : 1.92 : 3.14 : 0.54	7.67×10^{12}
C35	386	643	1 194	197	1 : 1.67 : 3.09 : 0.51	7.37×10^{12}

续表 3 - 4 - 2

标号	主材名称及质量/kg					能值转换率/(sej/kg)
	水泥	砂	石子	水	质量配合比	
C40	398	649	1 155	199	1 : 1.63 : 2.90 : 0.5	7.14×10^{12}
C45	456	622	1 156	196	1 : 1.36 : 2.53 : 0.43	6.5×10^{12}
C50	468	626	1 162	192	1 : 1.33 : 2.47 : 0.41	6.41×10^{12}
C55	395	610	1 150	160	1 : 1.54 : 2.91 : 0.4	7.06×10^{12}
C60	521	675	1 055	162	1 : 1.30 : 2.02 : 0.31	5.93×10^{12}

注:表中数值为标准统计数据,为保持数据真实,不做四舍五入。

图 3 - 4 - 2 是各个强度标号混凝土的能值转换率,其中最高的是 10 MPa(即标号 C10),这是因为其砂和石子的比重过大,导致 10 MPa 的总能值量最高;虽然其中水泥的能值转换率最大,但是由于其强度最低,需要的水泥量最小,所以在低强度的混凝土配比中,砂石的能值转换率起着主要作用。随着强度的增加,混凝土的能值转换率随之减少,说明高强度的混凝土更具有可持续性,低强度的混凝土浪费了大量的砂子和石子等不可再生资源,造成了浪费。

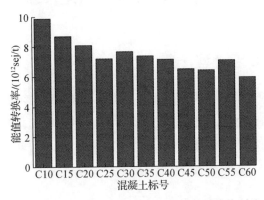

图 3 - 4 - 2 各个强度标号混凝土能值转换率对比

从能值的角度分析,各个强度混凝土的构成要素比例如图 3 - 4 - 3。从整体的趋势看,随着混凝土强度的增加,水泥的比重是稳步上升的,从最低的 10 MPa 混凝土到最高的 60 MPa 混凝土,水泥能值含量从 26.38% 提升到 44.01%。

从砂石的能值角度分析,石子的能值比重是随之减少的,这是由于部分增加的水泥代替了石子的作用,降低了石子总量的投入。砂子的能值比重和石子类似,从 10 MPa 的 27.19% 降到 60 MPa 的 21.92%。

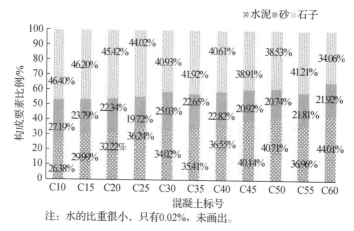

图 3-4-3　混凝土能值转换率各元素贡献比例

由于水的能值转换率比重远小于水泥、砂子和石子的能值转换率,造成其在整个混凝土能值中比重很小,只有 0.02%,是次要的影响因素。

注：水的比重很小，只有0.02%，未画出。

第五节　建筑玻璃的能值转换率

一、玻璃产品工艺流程

目前,我国平板玻璃的主要制造工艺是浮法工艺,其生产过程可以概括为五个步骤:配料过程、熔融过程、成型过程、退火过程和包装过程。在整个生产过程中,有五个过程会排放废气,分别是配料过程、熔融过程、成型过程、退火过程和包装过程。具体的工艺过程如图 3-5-1 所示。

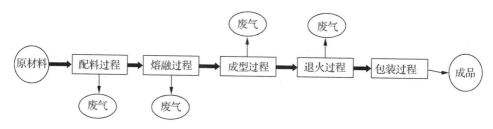

图 3-5-1　基于浮法工艺的玻璃主要生产过程

二、能值评估边界及指标

玻璃行业的评估边界如图3-5-2所示,其中包括可再生能源、不可再生资源、劳动力和服务,评估核心是玻璃的加工工艺过程。

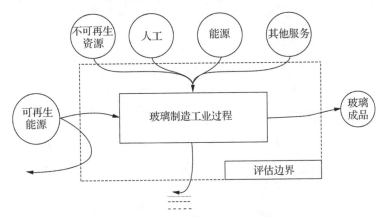

图3-5-2　玻璃工业过程的能值流

在玻璃工业的主要生产过程中,可以从原料和化学成分两种角度进行能值流量图设计。

从原料的角度来看,玻璃生产的能值流程图包括五个工艺过程,分别是配料工艺、融化工艺、成型工艺、退火工艺和包装工艺,具体见图3-5-3。在评估体系中,可再生能源是循环水,不可再生资源包括砂岩、硅砂、白云石、菱镁矿、碳酸钠、芒

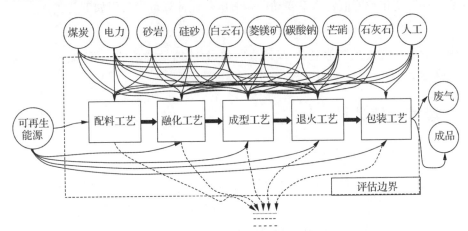

图3-5-3　基于原料角度的玻璃生产的能值流程图

硝、石灰石等。不可再生资源主要是煤炭和电力。玻璃工艺产出的结果由成品和尾气组成,其中尾气排放有五个组成部分,分别是粉尘、二氧化硫、氮氧化物、氟化氢和氯化氢。图 3-5-4 为化学成分角度的玻璃能值流程图,与图 3-5-3 相比,最大的区别在于不可再生资源类型为 SiO_2、Na_2O、CaO、MgO、Al_2O_3、Fe_2O_3 等化学组成。

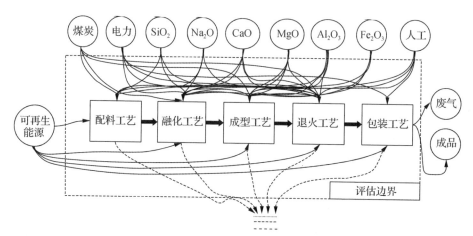

图 3-5-4 基于化学成分角度的玻璃生产能值流程图

三、能值敏感性分析

敏感性分析可以反映能值评估的准确性。本节敏感性分析涉及两部分,分别为数据误差变化和能值转换率变动。能值敏感性计算可以采用如下公式:

$$E_m(i) = [(E+A) \times i] \times [(T+B) \times i] \tag{3.24}$$

式中:E_m 是能值;i 是能值变量;E 代表能源(J)或质量(kg)或经济(美元);T 表示能值转换率;A 表示 E 的误差;B 是 T 的误差。

四、废气能值计算方法

1. 基本生产过程介绍

玻璃制造产生的废气主要发生在五个过程中,分别为配料过程,熔融过程、成型过程、退火过程、包装过程,同时伴随五种废气,分别是粉尘、二氧化硫(SO_2)、氮氧化物(NO_x)、氟化氢(HF)和氯化氢(HCl),具体见表 3-5-1 和表 3-5-2。五种废气会对人类健康和生态系统可持续性产生负面影响,特别是会导致呼吸系统疾病和破坏生态平衡。为了全面考虑能值影响,本节研究执行了生态服务核算和经济损失核算,以达到国家强制性排放标准。

表 3-5-1　我国玻璃行业的七种废气处理技术

技术路线	具体路线工艺
路线 1	静电除尘+SCR(选择性催化还原脱硝)技术路线
路线 2	静电除尘+SCR+湿法(石灰—石膏)脱硫+湿法静电除尘器
路线 3	静电除尘+SCR+湿法(碱式)脱硫+湿法静电除尘器
路线 4	静电除尘+SCR+半干式脱硫+袋式除尘器
路线 5	氧气燃烧+静电除尘+SCR+半干式脱硫+袋式除尘器
路线 6	静电除尘+SCR+半干法(SDA)脱硫+袋式除尘器
路线 7	干气法+SCR+陶瓷滤筒除尘反硝化一体化法

表 3-5-2　我国玻璃行业的废气排放标准　　　　　单位:mg/m³

编号	粉尘	SO_2	NO_x	HF	HCl
1	50	400	600	5	5
2	20	150	500	5	5
3	20	150	500	5	5
4	30	200	450	5	5
5	30	200	200	5	5
6	30	400	450	5	5
7	20	200	450	5	5

注:表中数据为标准统计数据,为保持数据真实,不做四舍五入。

2. 七种废气排放技术

(1) 静电除尘+SCR 技术路线

第一项技术采用静电除尘方式(图 3-5-5),从玻璃窑炉中除去粉尘,但尚无脱硫技术和终端除尘技术。它只能满足当前国家标准《平板玻璃工业大气污染物排放标准》(GB 26453—2016)的要求。另外,该技术需要更高的硫含量。

经过第一类技术处理的玻璃生产企业废气排放浓度为 50 mg/m³(粉尘)、400 mg/m³(SO_2)、600 mg/m³(NO_x)、5 mg/m³(HF)、5 mg/m³(HCl)。

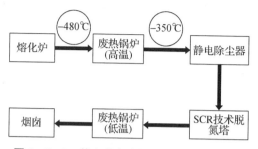

图 3-5-5　静电除尘＋SCR 工艺路线示意图

（2）静电除尘＋SCR＋湿法（石灰—石膏）脱硫＋湿法静电除尘器技术路线

该技术被广泛使用并且技术成熟度很高。脱硫剂为石灰或石灰石，利用率高，脱硫效率通常为 70％～95％。经过技术路线 2 处理后（图 3-5-6），粉尘、SO_2、NO_x、HF 和 HCl 的排放浓度分别为 20 mg/m³、150 mg/m³、500 mg/m³、5 mg/m³ 和 5 mg/m³。

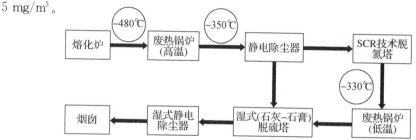

图 3-5-6　静电除尘＋SCR＋湿法（石灰—石膏）脱硫＋湿法静电除尘器技术路线

（3）静电除尘＋SCR＋湿法（碱式）脱硫＋湿法静电除尘器技术路线

钠-碱脱硫系统具有高活性，并且不会阻碍吸收系统。钠碱作为脱硫剂，具有强碱度和高溶解度，因此低液气比可以获得高脱硫效率。结果表明，应用于玻璃生产企业的技术路线脱硫效率一般为 70％～95％。经过技术路线 3 处理后（图 3-5-7），粉尘排放浓度为 20 mg/m³，SO_2 排放浓度为 150 mg/m³，NO_x 排放浓度为 500 mg/m³，HF 排放浓度为 5 mg/m³，HCl 排放浓度为 5 mg/m³。

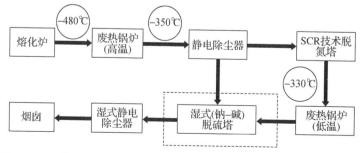

　图 3-5-7　静电除尘＋SCR＋湿法（碱式）脱硫＋湿法静电除尘器技术路线

（4）静电除尘＋SCR＋半干式脱硫＋袋式除尘器技术路线

技术参数如下：① 静电除尘器：系统电阻为 200 Pa，电场数为 2，电场风速为 0.6 m/s，对等极间距为 400 mm。② 脱硝系统：入口温度为 360 ℃，氨气排出浓度为 $1×10^{-8}$ mg/m³。经过技术路线处理后（图 3-5-8），排放结果为粉尘 30 mg/m³、SO_2 200 mg/m³、NO_x 450 mg/m³、HF 5 mg/m³、HCl 5 mg/m³。

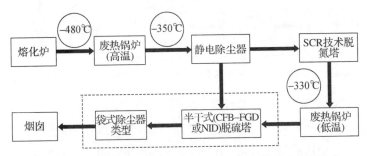

图 3-5-8　静电除尘＋SCR＋半干式脱硫＋袋式除尘器技术

（5）氧气燃烧＋静电除尘＋SCR＋半干式脱硫＋袋式除尘器技术

该技术在玻璃熔融过程中采用防厌氧燃烧技术，大大降低了玻璃炉烟气中 NO_x 的初始排放浓度，通过后续的 SCR 脱硝系统，炉烟气可以达到 NO_x 排放标准。通过工艺路线（图 3-5-9）净化后，粉尘排放浓度为 30 mg/m³，SO_2 排放浓度为 200 mg/m³，NO_x 排放浓度为 200 mg/m³，HF 排放浓度为 5 mg/m³，HCl 排放浓度为 5 mg/m³。

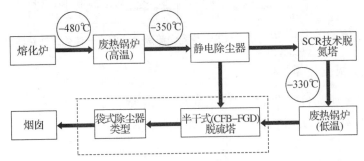

图 3-5-9　氧气燃烧＋静电除尘＋SCR＋半干式脱硫＋袋式除尘器技术

（6）静电除尘＋SCR＋半干法（SDA）脱硫＋袋式除尘器技术路线

该技术体系可靠，工艺成熟度高，对不同烟气流量和烟气温度具有响应能力高的特点。在工艺路线 6 的处理下（图 3-5-10），粉尘、SO_2、NO_x、HF 和 HCl 的排放浓度分别为 30 mg/m³、400 mg/m³、450 mg/m³、5 mg/m³ 和 5 mg/m³。

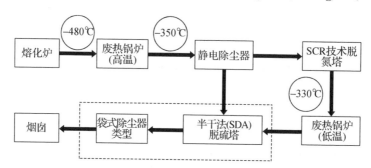

图 3 - 5 - 10   静电除尘＋SCR＋半干式脱硫＋袋式除尘器技术路线

（7）干气法＋SCR＋陶瓷滤筒除尘反硝化一体化法

该系统中，高温烟气进入吸收塔，并与脱硫剂充分混合，导致 SO₂ 等有害气体与熟石灰反应。用这种可行技术（图 3 - 5 - 11）处理后的玻璃制造企业的粉尘排放浓度为 20 mg/m³，SO₂ 排放浓度为 200 mg/m³，NOₓ 排放浓度为 mg/m³，HF 排放浓度为 5 mg/m³，HCl 排放浓度为 5 mg/m³。

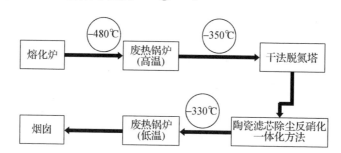

图 3 - 5 - 11   干气法＋SCR＋陶瓷滤筒除尘反硝化一体化工艺路线

3. 经济损失计算

本节对平板玻璃生产过程中废气造成的经济损失进行了计算。根据伤残调整寿命年对人体健康影响进行了计算，计算公式如下：

$$L = \sum W_i \times DALY_i \times \alpha \tag{3.25}$$

式中：L 为人体健康效应产生的能量损失，单位为 sej/a；i 为气体类型，包括粉尘、SO₂、NOₓ、HF、HCl；W_i 为排气量；$DALY_i$ 为伤残调整寿命年，单位为 a/kg（见表 3 - 5 - 3），取值为 1.68×10^{16} sej/（a·人）；α 为能值转换率。

表 3-5-3　废气排放的伤残调整寿命年数据

气体	对身体影响部位	伤残调整寿命年(a/kg)
粉尘	呼吸系统	5.46×10^{-5}
SO_2	呼吸系统	8.87×10^{-5}
NO_x	呼吸系统	3.75×10^{-4}
HF	呼吸系统	4.4×10^{-6}
HCl	呼吸系统	4.4×10^{-6}

注：表中数据为标准统计数据，为保持数据真实，不做四舍五入。

4. 生态服务计算

本节选取五种空气污染物进行计算评估。对于生态服务的计算，需要考虑两个步骤。

首先，废气质量可用如下公式计算：

$$M_i = c \times \left(\frac{U_i \times 10^6}{S_i} \right) \tag{3.26}$$

式中：M_i 表示稀释空气质量(kg/a)；i 为气体类型，包括粉尘、SO_2、NO_x、HF、HCl；c 表示空气密度($1.29\ mg/m^3$)；U_i 为平板玻璃工艺产生的空气污染物量(kg/a)；S_i 为符合规定的可接受的浓度(mg/m^3)。

根据我国《环境空气质量标准》(GB 3095—2012)，五种废气的排放浓度分别为粉尘 $0.08\ mg/m^3$、SO_2 $0.02\ mg/m^3$、NO_x $0.05\ mg/m^3$、HF $0.02\ mg/m^3$、HCl $0.03\ mg/m^3$。

其次，根据如下公式可以计算生态服务的能值：

$$R_{\mathrm{air},i} = 0.5 \times M_i \times v^2 \times T_\mathrm{w} \tag{3.27}$$

式中：$R_{\mathrm{air},i}$ 为生态服务能值量(sej/a)；v 为工厂当地年平均风速($2.8\ m/s$)；T_w 为风的单位能值($1\ 860\ sej/J$)。

五、玻璃产品能值计算

100 kg 玻璃混合料组成计算过程如下：

（1）硅砂、砂岩用量计算

假设硅砂和砂岩的量分别为 $M_{硅砂}$ 和 $M_{砂岩}$，则有如下计算公式：

$$0.89M_{硅砂} + 0.98M_{砂岩} = 72\ kg \tag{3.28}$$

$$0.05M_{硅砂} + 0.005\ 9M_{砂岩} = 2.04\ kg \tag{3.29}$$

计算得出含有硅砂 35 kg、砂岩 41 kg。

（2）白云石、菱镁矿用量计算

$$0.33M_{白云石}+0.008M_{菱镁矿}=2.975 \text{ kg} \tag{3.30}$$

$$0.2M_{白云石}+0.48M_{菱镁矿}=2.08 \text{ kg} \tag{3.31}$$

计算结果：$M_{白云石}=9.03$ kg；$M_{菱镁矿}=0.66$ kg。

（3）纯碱用量计算

纯碱用量为 $M_{纯碱}=13.2$ kg。

（4）芒硝的用量计算

$$15\%=\frac{芒硝量}{芒硝量+纯碱量} \tag{3.32}$$

芒硝用量为 $M_{芒硝}=2.33$ kg。

（5）萤石用量计算

$$0.85\%=\frac{M_{萤石}\times w(\text{CaF}_2)}{原材料总量} \tag{3.33}$$

萤石用量为 $M_{萤石}=1$ kg，其中所有氧化物的含量为

$$M_{\text{SiO}_2}=1.47\times24.62\%=0.36(\text{kg})$$

$$M_{\text{Al}_2\text{O}_3}=1.47\times2.08\%=0.03(\text{kg})$$

$$M_{\text{Fe}_2\text{O}_3}=1.47\times0.43\%=0.01(\text{kg})$$

$$M_{\text{CaO}}=1.47\times51.56\%=0.76(\text{kg})$$

因为 SiO_2 和 CaF_2 会反应挥发，挥发量计算为

$$M_{挥发量}=\frac{60.09\times1.47\times70.28\times0.3\times1}{2\times78.08}=0.12(\text{kg})$$

综合以上各个类型的计算，最终的 SiO_2 用量为 0.24 kg。

（6）标准煤用量计算

$$4.7\%=\frac{M_{煤}\times0.84}{5.24\times0.95} \tag{3.34}$$

通过公式，可计算出 $M_{煤}$ 为 0.27 kg。

（7）水的用量计算

水在混合物中的比例为 4%，通过如下公式可计算出水的含量：

$$M_{水}=\frac{960.29}{1-4\%}-988.34=12(\text{kg}) \tag{3.35}$$

综合以上硅砂、砂岩、菱镁矿、白云石、碳酸钠、芒硝、萤石和标准煤的计算,可以得到表3-5-4。

表3-5-4　100 kg平板玻璃配料各个原料和化学组成比例

原料	用料	SiO_2	Al_2O_3	Fe_2O_3	CaO	MgO	Na_2O	水
硅砂	34.96	31.76	1.79	0.12	0.15	0.06	1.08	4.5
砂岩	41.02	0.6	0.23	0.04	0.06	0.01	0.08	1.0
菱镁矿	0.66	0.02	—	0.01	0.01	0.62	—	—
白云石	9.03	0.11	0.03	0.02	5.38	3.49	—	0.3
碳酸钠	10.96	—	—	—	—	—	10.96	1.8
芒硝	2.33	0.06	0.02	0.03	0.02	0.02	2.18	4.2
萤石	1.03	0.24	0.03	0.01	0.76			
标准煤	0.27	—		—	—		—	0.2
总量	100	72.79	2.1	0.98	5.62	4.3	14.3	12

注:表中数值为标准统计数据,为保持数据真实,不做四舍五入。

表3-5-4显示了100 kg玻璃液的各种组合,包括原料成分和化学成分。从原料角度看,分别是硅砂、砂岩、菱镁矿、白云石、碳酸钠、芒硝、萤石、标准煤和水。从化学角度看,共有6种组成,分别为 SiO_2、Al_2O_3、Fe_2O_3、CaO、MgO、Na_2O。根据原材料分析,砂岩和硅砂是最重要的因素,分别占总量的34%和28.9%;其次是碳酸钠(16.1%)、白云石(14.1%)、水(12%)、芒硝(4.3%)、萤石(1.2%)、标准煤(0.3%)。从化学成分角度分析,SiO_2 占主体地位,占比 72.79%。除此之外,其他化学成分占比为 Na_2O(14.3%)、CaO(5.62%)、MgO(4.3%)、Al_2O_3(2.1%)和 Fe_2O_3(0.98%)等。

表3-5-5是从原材料角度计算得出的能值结果,分为可再生能源能值、不可再生资源能值、外界输入资源能值、不可再生能源能值和人工服务能值共五部分。作为唯一的可再生资源,循环水的比例为1.1%。不可再生资源有两类元素,分别为硅砂(32.6%)和砂岩(38.3%)。外界输入资源能值的元素有五个,分别是菱镁矿(0.32%)、白云石(0.29%)、碳酸钠(12.3%)、芒硝(3.29%)、萤石。不可再生能源的能值占比为5.91%,其中煤炭占0.06%,电力占5.85%。人工服务即劳务占5.89%。

表 3－5－5 基于原料角度的平板玻璃行业能值计算

项目	数据	单位	能值转换率	能值/sej	比例/%
可再生能源					1.1
循环水	30	kg	$6.52×10^{10}$ sej/kg	$1.96×10^{12}$	1.1
不可再生资源					70.9
硅砂	34.96	kg	$1.68×10^{12}$ sej/kg	$5.87×10^{13}$	32.6
砂岩	41.02	kg	$1.68×10^{12}$ sej/kg	$6.89×10^{13}$	38.3
外界输入资源					16.2
菱镁矿	1.1	kg	$5.26×10^{11}$ sej/kg	$5.79×10^{11}$	0.32
白云石	14.1	kg	$5.26×10^{11}$ sej/kg	$5.26×10^{11}$	0.29
碳酸钠	16.1	kg	$1.38×10^{12}$ sej/kg	$2.22×10^{13}$	12.3
芒硝	4.3	kg	$1.38×10^{12}$ sej/kg	$5.93×10^{12}$	3.29
萤石	1.2	kg	$3.05×10^{9}$ sej/kg	$3.66×10^{9}$	0
不可再生能源					5.91
煤炭	$1.17×10^{6}$	J	$8.77×10^{4}$ sej/J	$1.01×10^{11}$	0.06
电力	$2.3×10^{7}$	J	$4.5×10^{5}$ sej/J	$1.05×10^{13}$	5.85
人工服务					5.89
人工服务	100	元	$1.06×10^{11}$ sej/元	$1.06×10^{13}$	5.89
能值转换率（无人工）		$1.69×10^{12}$ sej/kg			100
能值转换率（有人工）		$1.80×10^{12}$ sej/kg			

注：表中数据为统计类真实数据和综合计算数据，为保持真实性，不做统一的四舍五入。

从化学组成角度计算可再生能源能值、不可再生资源能值、外界输入资源能值、不可再生能源能值和人工服务能值，其占比分别为 1.15%、71.59%、14.85%、6.21%和6.21%。表 3－5－6 给出了更具体的能值比例，包括水（1.15%）、SiO_2（71.59%）、Na_2O（11.53%）、CaO（1.73%）、MgO（1.32%）、Al_2O_3（0.1%）、Fe_2O_3（0.15%）、煤（0.06%）、电力（6.15%）和劳务（6.21%）。

表 3－5－6 基于化学组成角度的平板玻璃行业能值计算

项目	数据	能值转换率	能值/sej	比例/%
可再生能源				1.15
水	30 kg	$6.52×10^{10}$ sej/kg	$1.96×10^{12}$	1.15

续表 3-5-6

不可再生资源				71.59
SiO_2	72.79 kg	$1.68×10^{12}$ sej/kg	$1.22×10^{14}$	71.59
外界输入资源				14.85
Na_2O	14.3 kg	$1.38×10^{12}$ sej/kg	$1.97×10^{13}$	11.53
CaO	5.62 kg	$5.26×10^{11}$ sej/kg	$2.96×10^{12}$	1.73
MgO	4.3 kg	$5.26×10^{11}$ sej/kg	$2.26×10^{12}$	1.32
Al_2O_3	2.1 kg	$8.5×10^{10}$ sej/kg	$1.79×10^{11}$	0.10
Fe_2O_3	0.98 kg	$2.69×10^{11}$ sej/kg	$2.64×10^{11}$	0.15
不可再生能源				6.21
煤	$1.17×10^6$ J	$8.77×10^4$ sej/J	$1.01×10^{11}$	0.06
电力	$2.3×10^7$ J	$4.5×10^5$ sej/J	$1.05×10^{11}$	6.15
人工服务				6.21
人工服务	100 元	$1.06×10^{11}$ sej/元	$1.06×10^{13}$	6.21
能值转换率（无人工）	$1.6×10^{12}$ sej/kg			100
能值转换率（有人工）	$1.71×10^{12}$ sej/kg			

注：表中数据为统计类真实数据和综合计算数据，为保持真实性，不做统一的四舍五入。

六、研究结果与讨论

1. 能值结果分析

（1）基于原料角度的能值分析

我国平板玻璃行业的能值分析如图 3-5-12 所示，其中包括不可再生资源（71％）、输入资源（16％）、输入能源（6％）、人工服务（6％）、可再生能源（1％）。不可再生资源和输入资源在原材料方面的能值中占主导地位。不可再生资源由硅砂和砂岩组成，分别占 54％ 和 46％，具体细节如图 3-5-13 所示。输入资源占总能值的 16％，其由菱镁矿、白云石、碳酸钠、芒硝、萤石组成；其中，碳酸钠是关键因素，芒硝影响较小，仅占 3.29％，其他元素对输入资源的影响很小。

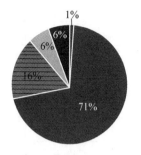

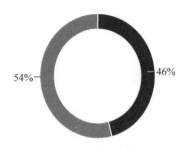

■人工服务　■输入能源　■输入资源
■不可再生资源　■可再生能源

图 3-5-12　原材料角度的平板
玻璃行业能值比例

■硅砂　■砂岩

图 3-5-13　原料角度非再生
资源的能值比例

（2）基于化学成分角度的能值分析

从化学成分角度分析（图 3-5-14 和图 3-5-15），不可再生资源（71.59%）、输入资源（14.85%）、输入能源（6.21%）、人工服务（6.21%）和可再生资源（1.15%）是最重要的构成元素。其中作为唯一的可再生资源，水对输入的可再生度起着次要的作用，而 SiO_2 是不可再生资源中唯一的元素，是玻璃可再生度评价的主导因素。其中对于输入资源，Na_2O 投入是主要贡献源，分别占当地所需能值的 78% 和 11.53%，CaO 和 MgO 重要性居第二位和第三位，分别占比 11% 和 9%。Fe_2O_3 和 Al_2O_3 对输入项的影响不大。

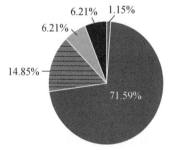

■人工服务　　输入能源　■输入资源
■不可再生资源　■可再生能源

图 3-5-14　化学成分角度的
玻璃能值比例

■Na_2O　■CaO　■MgO　■Al_2O_3　■Fe_2O_3

图 3-5-15　化学成分角度
输入能值比例

（3）两种视角下的能值量对比

在图 3-5-16 中,计算了原料角度和化学成分角度的五个部分的能值量。总体而言,两类视角下能值的差异很小。不论原料角度还是化学成分角度,主要影响因素均为不可再生资源(71.59%、70.9%)和输入资源(14.85%、16.2%),其次是输入能源(6.21%、5.91%)、人工服务(6.21%、5.89%)和可再生能源(1.15%、1.1%)。

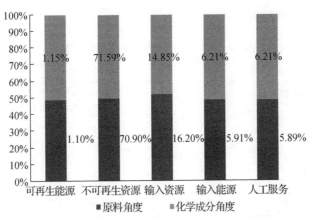

图 3-5-16　原料角度和化学角度的五个能值量对比

2. 能值转换率计算

基于原料角度模型计算出建筑玻璃的能值转换率为

$$能值转换率_{无人工}=\frac{1.69\times10^{14}\ sej}{100\ kg}=1.69\times10^{12}\ sej/kg$$

$$能值转换率_{有人工}=\frac{1.8\times10^{14}\ sej}{100\ kg}=1.8\times10^{12}\ sej/kg$$

基于化学成分角度模型计算出建筑玻璃的能值转换率为

$$能值转换率_{无人工}=\frac{1.6\times10^{14}\ sej}{100\ kg}=1.6\times10^{12}\ sej/kg$$

$$能值转换率_{有人工}=\frac{1.71\times10^{14}\ sej}{100\ kg}=1.71\times10^{12}\ sej/kg$$

考虑到建筑玻璃在我国的劳动力和服务投入,可以计算出四类能值转换率,分别是 1.69×10^{12} sej/kg、1.8×10^{12} sej/kg、1.6×10^{12} sej/kg 和 1.71×10^{12} sej/kg。

在无人工和服务的情况下,建筑玻璃的能值转换率之间存在差异,如原料角度的 1.69×10^{12} sej/kg 与化学成分角度的 1.6×10^{12} sej/kg。当考虑到劳动力和服务时,也会产生类似的结果,分别为 1.8×10^{12} sej/kg 和 1.71×10^{12} sej/kg。

3. 能值指标分析

(1) 基本参数

基本参数包括可再生资源能值、不可再生资源能值和输入能值三类。由表 3-5-7 可知,不可再生资源能值远高于再生资源能值和输入能值,导致建筑玻璃行业可持续发展呈现负面趋势。提高可再生资源的可再生能力和降低不可再生资源的比重是提高可持续性的可行途径。

表 3-5-7　建筑玻璃的能值指标计算

类型	符号	原料角度	化学成分角度
可再生能源能值/sej	R	1.96×10^{12}	1.96×10^{12}
不可再生资源能值/sej	N	1.57×10^{14}	1.48×10^{14}
输入能值/sej	F	2.92×10^{13}	1.06×10^{13}
可再生率/%	—	1.09	1.15
不可再生率/%	—	87.2	86.5
能值投资率	EIR	0.18	0.07
环境负载率	ELR	80.1	75.5
能值产生率	EYR	6.44	15.2
可持续性指标	ESI	0.080	0.201

注:表中数据为统计类真实数据和综合计算数据,为保持真实性,不做统一的四舍五入。

(2) 可再生率

原料角度和化学成分角度能值可再生率结果相似,分别为 1.09% 和 1.15%。此现象说明了建筑玻璃产品的低的可持续水平。因此提高可再生率是我国建筑玻璃行业的一项紧迫任务。

(3) 不可再生率

不可再生率说明了建筑玻璃行业不可再生资源的投入比率,原料角度和化学成分角度的指标分别为 87.2% 和 86.5%。不可再生率越高,可持续性越差。缓解这种情况有两种途径:一方面提高设备利用率;另一方面寻找替代材料来代替非再生资源,目的为替代硅砂和砂岩等原料。

(4) 能值投资率

图 3-5-17 为建筑玻璃行业主要指标的对比图。比较两种结果,原料角度的

能值投资率(0.18)大于化学成分角度(0.07),说明原料角度的经济发展程度强于化学成分角度,应提高输入资源的可再生能源使用水平,以提高可再生能源的投资比例。

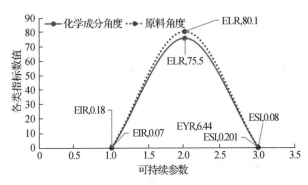

图 3 - 5 - 17　建筑玻璃行业的可持续性指标

(5)环境负载率

表 3 - 5 - 7 和图 3 - 5 - 17 中的两类角度下的环境负载率指标分别为 80.1 和 75.5,均大于相关标准值和经验值,环境负荷较大。

(6)能值产生率

两类视角下的能值产生率有两种,分别为 6.44 和 15.2。根据能值产生率定义,输入能值远小于总能值,而本地资源是非可再生能值的主要来源,给当地造成了巨大的环境破坏。

(7)可持续性指标

原料角度的可持续性指标为 0.08,化学成分角度为 0.201,从长远来看,建筑玻璃的生产均处于不可持续的状态。

4. 能值敏感性分析

总能值输入分为五部分,提出两个假设来验证敏感性分析。假设 1:五类输入部分各改变 10%,其他输入项保持不变(图 3 - 5 - 18 和图 3 - 5 - 19);假设 2:所有输入的元素均变化 10%的幅度,其余均无变化(见图 3 - 5 - 20 和图 3 - 5 - 21)。

图 3 - 5 - 18 说明了假设 1 的敏感性情况。从原材料角度看,不可再生资源波动最大(7.09%),其次是输入资源(1.62%)、人工服务(0.59%)、输入能源(0.48%)和可再生能源(0.11%)。从化学组成角度看,结果为不可再生资源(7.15%)、输入资源(1.49%)、人工服务(0.62%)、输入能源(0.62%)和可再生能

源(0.11%)。比较图 3-5-18 和图 3-5-19,不可再生资源和输入资源对敏感性的影响占主导地位。与假设 1 相比,假设 2 计算了所有输入环境的敏感性变化,原料角度砂岩(3.83%)和硅砂(3.26%)占主导地位,化学成分角度 SO_2(7.15%)变化最大。

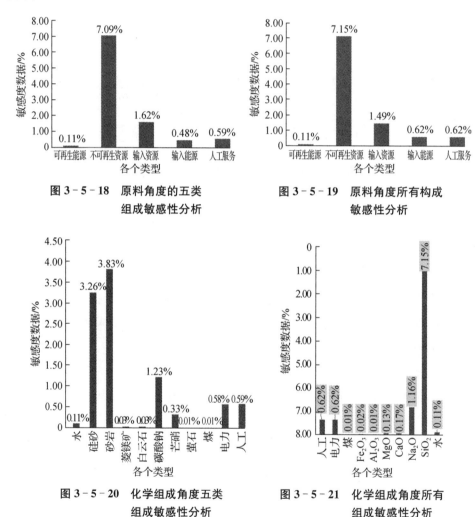

图 3-5-18　原料角度的五类
组成敏感性分析

图 3-5-19　原料角度所有构成
敏感性分析

图 3-5-20　化学组成角度五类
组成敏感性分析

图 3-5-21　化学组成角度所有
组成敏感性分析

5. 废气能值计算

本研究共产生粉尘、SO_2、NO_x、HF、HCl 等污染气体,且分别进行了经济损失核算和生态服务核算,计算结果见表 3-5-8 和表 3-5-9。

（1）玻璃产业能值经济损失计算

表3-5-8为经济损失能值核算结果，其中包括了我国玻璃行业降低粉尘、SO_2、NO_x、HF、HCl排放的七种技术路线。

表3-5-8　经济损失的计算结果　　　　　　　　单位：sej

技术路线	粉尘	SO_2	NO_x	HF	HCl	全部
路线1	3.15×10^{11}	3.67×10^{11}	8.94×10^{11}	3.7×10^8	3.7×10^8	1.58×10^{12}
路线2	1.26×10^{11}	1.38×10^{11}	7.45×10^{11}	3.7×10^8	3.7×10^8	1.01×10^{12}
路线3	1.26×10^{11}	1.38×10^{11}	7.45×10^{11}	3.7×10^8	3.7×10^8	1.01×10^{12}
路线4	1.89×10^{11}	1.83×10^{11}	6.71×10^{11}	3.7×10^8	3.7×10^8	1.04×10^{12}
路线5	1.89×10^{11}	1.83×10^{11}	2.98×10^{11}	3.7×10^8	3.7×10^8	6.71×10^{11}
路线6	1.89×10^{11}	3.67×10^{11}	6.71×10^{11}	3.7×10^8	3.7×10^8	1.23×10^{12}
路线7	1.26×10^{11}	1.83×10^{11}	6.71×10^{11}	3.7×10^8	3.7×10^8	9.81×10^{11}

注：表中数据为统计类真实数据和综合计算数据，为保持真实性，不做统一的四舍五入。

以未净化的粉尘气体为基础（表3-5-9和图3-5-22），技术路线2、技术路线3、技术路线7降尘效果最好（降尘80%）；其次是技术路线4、技术路线5、技术路线6（降尘70%）；最差的是技术路线1（降尘50%）。SO_2气体的七类技术路线下的能值占比分别为技术路线1和技术路线6占66.73%，技术路线2和技术路线3占25.09%，技术路线4、技术路线5和技术路线7占33.27%。HF和HCl的比例相同，分别为14.29%和16.67%。

表3-5-9　不同路线的废气排放效果比例　　　　　　单位：%

技术路线	粉尘	SO_2	NO_x	HF	HCl
路线1	50	66.73	85.96	14.29	16.67
路线2	20	25.09	71.63	14.29	16.67
路线3	20	25.09	71.63	14.29	16.67
路线4	30	33.27	64.52	14.29	16.67
路线5	30	33.27	28.65	14.29	16.67
路线6	30	66.73	64.52	14.29	16.67
路线7	20	33.27	64.52	14.29	16.67
未净化	100	100	100	100	100

注：表中数据为统计类真实数据和综合计算数据，为保持真实性，不做统一的四舍五入。

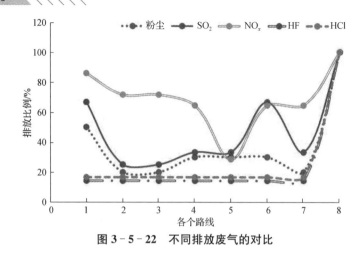

图 3-5-22 不同排放废气的对比

在废气排放中,粉尘、SO_2 和 NO_x 起主要作用,HF 和 HCl 处于次要因素(见表 3-5-10 和图 3-5-23)。以技术路线 1 为例,NO_x 的比率最高,为 56.7%,其次是 SO_2(23.28%)和粉尘(19.98%)。从能值角度来看,HF 和 HCl 的影响可以忽略不计(0.02% 和 0.02%)。

表 3-5-10　每个技术路线的废气比例构成　　　　　　　　单位:%

技术路线	粉尘	SO_2	NO_x	HF	HCl	全部
路线 1	19.98	23.28	56.70	0.02	0.02	100
路线 2	12.48	13.67	73.78	0.04	0.04	100
路线 3	12.48	13.67	73.78	0.04	0.04	100
路线 4	18.11	17.53	64.29	0.04	0.04	100
路线 5	28.18	27.28	44.43	0.06	0.06	100
路线 6	15.39	29.89	54.65	0.03	0.03	100
路线 7	12.85	18.66	68.42	0.04	0.04	100

注:表中数据为统计类真实数据和综合计算数据,为保持真实性,不做统一的四舍五入。

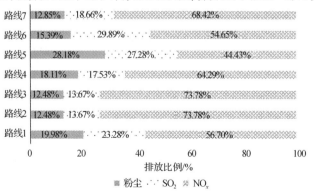

图 3-5-23　各类技术路线的废气排放比例

（2）玻璃能值生态服务计算

表 3-5-11 中展示了生态服务的能值计算结果,各技术路线的能值比例计算见表 3-5-12 和图 3-5-24。技术路线 1 中的 SO_2 和 NO_x 的能值比例占主导地位,SO_2 为 53.86％,NO_x 为 43.05％;技术路线 2 中的 SO_2 为 40.54％,NO_x 为 56.83％;技术路线 3 中的 SO_2 为 40.13％,NO_x 为 56.26％;技术路线 4 中 SO_2 为 53.78％,NO_x 为 42.99％;技术路线 5 中的 SO_2 为 75.42％,NO_x 为 20.06％;技术路线 6 中 SO_2 为 70.01％,NO_x 为 27.9％;技术路线 7 中 SO_2 为 54.27％,NO_x 为 43.78％。与 SO_2、NO_x 相比,粉尘、HF、HCl 对生态服务能值的影响几乎相同,造成这一现象的因素有废气质量、空气密度、可接受浓度、当地年平均风速和风能转化率等。

表 3-5-11 生态服务的能值计算   单位:sej

技术路线	粉尘	SO_2	NO_x	HF	HCl	总和
路线 1	5.61×10^9	1.79×10^{11}	1.08×10^{11}	2.25×10^9	2.25×10^9	2.97×10^{11}
路线 2	2.24×10^9	6.73×10^{10}	8.97×10^{10}	2.25×10^9	2.25×10^9	1.64×10^{11}
路线 3	2.24×10^9	6.73×10^{10}	8.97×10^{10}	2.25×10^9	2.25×10^9	1.64×10^{11}
路线 4	3.36×10^9	8.97×10^{10}	8.07×10^{10}	2.25×10^9	2.25×10^9	1.78×10^{11}
路线 5	3.36×10^9	8.97×10^{10}	3.59×10^{10}	2.25×10^9	2.25×10^9	1.33×10^{11}
路线 6	3.36×10^9	1.79×10^{11}	8.07×10^{10}	2.25×10^9	2.25×10^9	2.68×10^{11}
路线 7	2.24×10^9	8.97×10^{10}	8.07×10^{10}	2.25×10^9	2.25×10^9	1.77×10^{11}

注:表中数据为统计类真实数据和综合计算数据,为保持真实性,不做统一的四舍五入。

表 3-5-12 基于生态服务计算的废气排放比例   单位:％

技术路线	粉尘	SO_2	NO_x	HF	HCl	总和
路线 1	2.02	53.86	43.05	0.54	0.54	100
路线 2	1.01	40.54	56.83	0.81	0.81	100
路线 3	2.01	40.13	56.26	0.80	0.80	100
路线 4	1.79	53.78	42.99	0.72	0.72	100
路线 5	2.51	75.42	20.06	1.01	1.01	100
路线 6	1.16	70.01	27.90	0.47	0.47	100
路线 7	0.90	54.27	43.38	0.72	0.72	100

注:表中数据为统计类真实数据和综合计算数据,为保持真实性,不做统一的四舍五入。

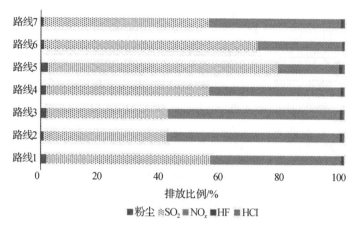

图 3-5-24　基于生态服务计算的废气排放比例图

（3）废气排放对平板玻璃的可持续影响

表 3-5-13 为我国玻璃行业生态服务与经济损失的基本能值数据。总的规律如下：经济损失的能值是废气能值的主要影响因素，优于生态服务核算。考虑到本研究两类角度的玻璃生产模式，生态服务与经济损失能值之和占比较小，基本在1%以下（图 3-5-25 所示）。虽然占比较低，但废气排放对玻璃生产的可持续性有着严重影响，需要慎重对待和评估。

表 3-5-13　综合技术路线能值分析　　　　单位：sej

技术路线	生态服务	经济损失	总和
路线 1	2.97×10^{11}	1.58×10^{12}	1.88×10^{12}
路线 2	1.64×10^{11}	1.01×10^{12}	1.17×10^{12}
路线 3	1.64×10^{11}	1.01×10^{12}	1.17×10^{12}
路线 4	1.78×10^{11}	1.04×10^{12}	1.22×10^{12}
路线 5	1.33×10^{11}	6.71×10^{11}	8.04×10^{11}
路线 6	2.68×10^{11}	1.23×10^{12}	1.50×10^{12}
路线 7	1.77×10^{11}	9.81×10^{11}	1.16×10^{12}

注：表中数据为统计类真实数据和综合计算数据，为保持真实性，不做统一的四舍五入。

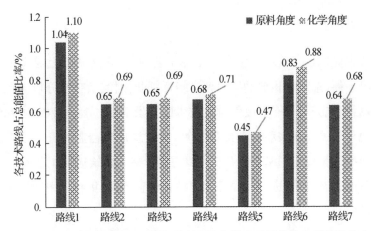

图 3 - 5 - 25　基于原料角度和化学角度的各技术路线能值占总能值比率

七、对应策略与建议

面对建筑玻璃行业的不可持续性状态,可以从以下三方面进行可持续性的改进:

1. 增加可再生能源的投入比例

能源结构失衡会对我国玻璃工业的可持续发展产生负面影响。由于本系统中的可再生能源的比例很小,导致玻璃行业的可持续性下降。为了改进能源比例,可再生能源的投入是良好的改善措施,如太阳能、水力发电和风能的应用。

2. 替代可循环材料

由于玻璃行业对原材料的过度依赖,导致了沉重的环境负担,这种不可再生资源的极度消耗阻碍了我国玻璃工厂的可持续发展。对于建筑玻璃行业的可循环材料替代,比较具有代表性的就是废玻璃和副产品的再利用。

3. 选取更加节能的设备

根据本节的研究,不可再生能源是玻璃行业可持续性结果的重要影响因素,应充分考虑以减轻负面影响。如余能的再利用可以提高玻璃行业可持续性,相关学者也取得了积极的进展。除此之外,还应注意其他新的节能系统应用,包括废水回收系统、废热回收系统、冷却回收系统和窑热交换系统等。

八、本节小结

本节首先提取了建筑玻璃生产的主体工艺流程,在此基础上定义了建筑玻璃评估的边界条件,选定了相关的能值评定指标;同时对其敏感性分析进行了定量方案设计,最后在充分考量七类废气排放技术的背景下,完成了原料角度和化学成分角度两类视角下的建筑玻璃行业能值计算,为建筑玻璃行业的可持续性深入分析和能值转换率计算奠定了基础。研究结果表明,整个建筑玻璃工艺流程的生态可持续处于负面状态,需要进一步提升能源结构调整、废物重新利用和注重节能新设备等改进措施。

第六节 建筑砖材料能值转换率

一、基本情况

本书数据来源于我国典型的建筑砖厂,主要产品为改进型的建筑黏土砖,通过对其的能值可持续性评估,定量分析了其可持续性效果,同时获得了其常态下的建筑砖能值转换率。

1. 建筑砖主体生产工艺

由于建筑用砖种类繁多,需要选择一个典型的、整体的、独立运营的砖厂来进行可持续性评估。建筑砖生产工艺过程如图 3-6-1 所示,主体工艺过程有四类,包括原料系统、烧结过程、磨削过程和包装过程。在此基础上需要进行原料、能量和人工等输入,从而最终完成合格的建筑砖产品生产。

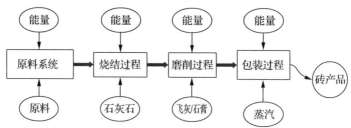

图 3-6-1 建筑砖工艺图

2. 建筑能值评估边界

在具体的原料制备工艺、粉碎工艺、搅拌工艺、成型工艺和烧制工艺等基础上，砖厂设定的建筑系统边界包括可再生能源、不可再生资源、输入资源、输入能源和人工服务等，具体见图3-6-2。

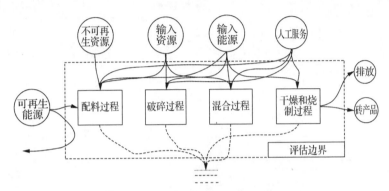

图3-6-2　建筑砖产品的能值边界评估图

3. 设定的能值指标群

本节研究主要采用四类指标进行分析，包括可再生率与非再生率、能值产生率、环境负载率和可持续性系数，这些指标已经在前面章节进行了详细介绍，在此不再赘述。

二、结果与讨论

1. 能值计算结果

表3-6-1为建筑砖生产系统的能值计算结果。计算的项目包括可再生能源、不可再生资源、输入资源、输入能源和劳务。在评价系统中，循环水是唯一的可再生资源。不可再生资源包括黏土和页岩。输入资源主要为石膏、石灰石、蒸汽和粉煤灰。输入能源为电力。基于当地的基本经济水平，将劳动与服务也考虑进了能值计算当中。

表 3-6-1 建筑砖产品的能值计算表

类型	数据	单位	能值转换率	能值/sej
可再生能源				
循环水	2.63×10^7	kg	1.26×10^9 sej/kg	2.3×10^{16}
不可再生资源				
黏土	7.2×10^7	kg	2×10^{12} sej/kg	1.44×10^{20}
页岩	3×10^7	kg	1×10^{12} sej/kg	1×10^{19}
输入资源				
石膏	6×10^6	kg	1×10^{12} sej/kg	6×10^{18}
石灰石	6×10^6	kg	1×10^{12} sej/kg	6×10^{18}
蒸汽	6.31×10^5	kg	1.26×10^9 sej/kg	7.95×10^{15}
粉煤灰	5×10^5	kg	1.4×10^{13} sej/kg	7×10^{18}
输入能源				
电力	6.31×10^{13}	J	4.5×10^5 sej/J	7.79×10^{19}
人工服务				
人工	1.5×10^8	元	7.42×10^{11} sej/元	2.97×10^{18}
能值转换率	4.23×10^{12} sej/kg			

注：表中数据为真实性收集数据和计算数据，为保持真实性，不做统一的四舍五入。

2. 主要影响因素分析

从图 3-6-3 和图 3-6-4 中可以看出，不可再生资源（约 61%）是最重要的影响因素，其次是输入能源（约 31%）和输入资源（约 7%）。与这些板块相比，作为唯一的可再生资源，循环水对投入的可再生能力起着次要的作用。在不可再生资源中，黏土是主要的贡献项，分别占当地能值输入的 93.51% 和所需总能值的 57%，其次是页岩，占 6.49% 和 4%。输入资源的分项贡献率分别为粉煤灰 3%、石灰石 2%、石膏 2%。其中，蒸汽对输入项的影响很小。

3. 能值指标分析（表 3-6-2）

（1）可再生率：在本研究中，可再生率只有 0.01%，处于低持续状态。因此，提高可再生能源利用率是企业业主乃至我国政府的一项紧迫任务。水作为唯一的可再生资源，在应用新技术时应充分考虑提高其再利用效率。

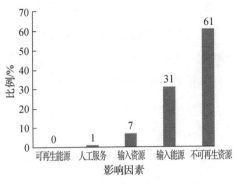

图 3 - 6 - 3　五个输入的影响比例　　　图 3 - 6 - 4　各个输入元素的比例

表 3 - 6 - 2　砖产品的能值可持续性指标

类型	指标	结果
可再生率	R	0.01%
不可再生率	N	68.1%
能值产生率	EYR	13.4
环境负载率	ELR	1.1×10^4
能值可持续指数	ESI	0.001 2

注:表中数据为真实性收集数据和计算数据,为保持真实性,不做统一的四舍五入。

(2) 不可再生率为 68.1%,意味着建筑黏土砖不可再生资源的投入比重过大,该比例意味着过大的资源消耗,对可持续性有负面影响。不可再生率越高,可持续性越差。解决的办法有两种:一是提高设备的利用效率,二是寻找新的替代材料。

(3) 能值产生率:因为购买能值项远小于总能值,能值产生率为 13.4,需要对购买能值各项进行限制。

(4) 环境负载率:该值远大于相关标准和经验值,说明环境承担压力大。对于砖厂来说,生产黏土砖会给当地的生态环境带来很大的破坏,需要进行综合性改造用于可持续砖产品的生产。

(5) 能值可持续指数:该指数只有 0.001 2,工厂处于不可持续的状态,需要进行可持续性改造。

(6) 能值转换率:在本书中,建筑黏土砖的能值转换率为 4.23×10^{12} sej/kg。

4. 敏感性分析

在本研究中,对不可再生资源和输入能源优先进行敏感性分析。首先提出四项假设来验证建筑砖产品的敏感性分析。假设1:不可再生资源的能值转换率变化－5%,其他输入项保持不变;假设2:不可再生资源的能值转换率变动＋5%的范围,其余均无变化;假设3:输入能源的能值转换率变动－5%,其他保持不变;假设4:输入能源的能值转换率改变＋5%,同时其他能值转换率保持不变。能值产生率和能值负载率的敏感性分析结果见图3-6-5和图3-6-6所示。

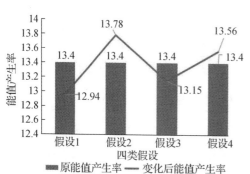

图3-6-5 能值产生率的四类敏感性假设

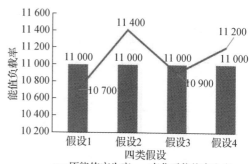

图3-6-6 能值负载率的四类敏感性假设

在－5%和＋5%的能值转换率变化范围内,假设1的波动最大(－3.43%),接下来依次是假设2(2.84%)、假设3(－1.87%)和假设4(1.19%)。不可再生资源和输入能源减少5%,导致可再生能源投入分别减少3.43%和1.87%。对于＋5%的变化,类似的趋势可以在图3-6-5中得到(从2.84%到1.19%)。从能值贡献率可以看出,造成这一现象的原因是不可再生资源过量投入,占总能值的61%。能值比重越高,灵敏度越高。

三、优化建议

根据本书的研究,提出三点改进建议:

1. 调整各种能源结构

作为各类系统的重点项,可持续性的能源是永恒话题,提升可再生能源的比例是长期的任务,对于砖产品的生产系统来说,增加太阳能、风能和水能等清洁能源的投入力度可以有效降低砖系统的环境负载。

2. 循环材料替换

由于砖厂对原材料的过度依赖,造成了沉重的环境负荷,这种不可再生资源的极端消耗,阻碍了我国砖厂的可持续发展。相关材料替代目前已被证明是有效的,特别是工业废料和副产品,如工业炉渣、建筑废料、冶金废料、采矿废料、燃料废料和化学废料等。目前,许多学者对砖行业的材料替代做了客观的研究,如 Munz 等对烧制黏土砖行业的可持续建筑材料废弃物的研究进行了梳理,其目的是实现砖的可持续生产。Eduardo 等以沥青混合料为添加材料,开展设计新型建筑砖的研究等。

3. 节能体系应用

根据本书建筑黏土砖厂的评价结果,输入能源是不可持续状态的重要负面因素,因此有必要采取一些措施来缓解其影响。其中系统余能再利用被视为最优的可持续途径,研究学者针对太阳能干燥器中的多孔性和回收系统进行了节能效果的相关研究。

四、本节小结

以建筑黏土砖厂为研究对象,采用能值法对其可持续评价进行了研究、计算和分析。主要结论总结如下:

(1) 贡献比例:不可再生资源(约 61%)、输入能源(约 31%)、输入资源(约 7%)。

(2) 对于不可再生资源,黏土在砖厂评价体系中占比 93.51%,被认为是最重要的能值影响输入项。

(3) 相关指标为:可再生率为 0.01%,不可再生率为 68.1%,能值产生率为 13.4,环境负载率为 1.1×10^4,可持续性指数为 0.0012。

(4) 本土建筑黏土砖厂的能值转换率为 4.23×10^{12} sej/kg。

第七节　建筑陶瓷的能值转换率

一、工艺流程和能值评估

本书选取我国典型的新陶瓷厂作为研究对象,工厂占地面积约 5 000 m²,现有员工 88 人,年生产建筑瓷砖 10 980 t。在自动化工艺的基础上,实现了建筑陶瓷砖的高效生产。主要产品为建筑釉面砖,规格参数为 152 mm×152 mm×5 mm,单位面积质量为 10 kg/m²。

图 3-7-1 为建筑瓷砖的主要制造工艺，包括五个关键工序，分别是配料工序、喷雾干燥工序、成型工序、烧制工序和后处理工序。在生产过程中，产生 3 种污染物，分别为废气、废水和固体废物。

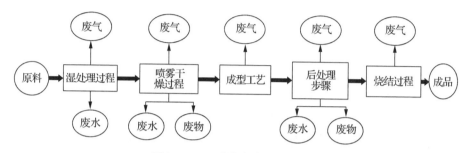

图 3-7-1　建筑陶瓷厂工艺流程

国家强制性标准《建筑卫生陶瓷单位产品能耗规范》(GB 21252—2013)提供的综合能耗计算公式为

$$E_{ZN} = M_a \times \frac{Q_{DW}^a}{29\ 308} + M_b \times \frac{Q_{DW}^b}{29\ 308} + M_c \times \frac{Q_{DW}^c}{29\ 308} + 0.122\ 9 \times Q_d \quad (3.36)$$

式中：E_{ZN} 为总能耗（单位：kgce）；M_a 表示综合煤炭消耗量（单位：kg）；Q_{DW}^a 表示煤的低热值（单位：kJ/kg）；29 308 为单位基低热值（单位：kJ/kgce）；M_b 为总油耗（单位：kg）；Q_{DW}^b 为油的低热值（单位：kJ/kg）；M_c 为总用气量（m³）；Q_{DW}^c 代表了气体的低热值（单位：kJ/m³）；0.122 9 为电能转换的标准煤系数［单位：kgce/(kW·h)］；Q_d 为耗电量（kW·h）。

在图 3-7-2 中，陶瓷生产过程的输入共有 4 个部分，分别为可再生能源、不可再生资源、污染物排放和成品。上部为不可再生资源、不可再生能源和劳务，具体包含砂岩、石灰石、黏土、碎渣、石英、长石、滑石、综合能源和劳务。左边是可再生能源，包括阳光、雨（化学势）、雨（势能）、风（动能）和地热能。右边的部分是污染物排放（废气、废水、固体废物）和成品。

本节对建筑瓷砖的评价采用了一系列的能值指标群，如表 3-7-1 所示。

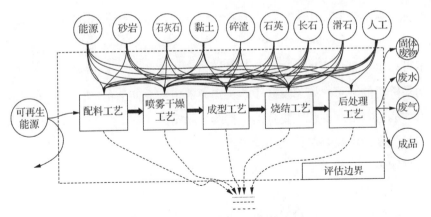

图 3-7-2 建筑陶瓷厂能值流量图

表 3-7-1 建筑陶瓷砖厂的能值指标

分项	指标	意义
可再生能源能值	R	基础能值输入项
不可再生资源能值	F	基础能值输入项
购买能值量	P	基础能值输入项
能量部分能值量	E	基础能值输入项
人工服务能值量	L	基础能值输入项
污染能值量	P_e	基础能值输入项
系统全部能值量	T	系统能值总量
可再生率	R_r	可再生部分比率
当地资源的不可再生率	N_r	当地资源比率
购买资源的不可再生率	N_p	外部经济环境影响
人均能值	E_d	人均能值
能值强度	E_i	单位面积能值
购买能值独立水平	PEDL	系统竞争力
污染物环境影响率	PEIR	污染程度
能值投资率	EIR	经济发展水平
环境负载率	ELR	环境压力指标
能值产生率	EYR	经济影响程度
能值可持续性指标	ESI	系统可持续性水平

可再生率是指可再生元素能值与总输入能值比率。越高的可再生率意味着更好的生态水平。

不可再生率是指当地资源能值与总能值的比值。

购买资源的不可再生率反映了购买资源能值与总能值的比例。

人均能值密度越高代表更优的可持续性状态。

能值强度的定义是单位面积的能值。

污染物环境影响率是污染物在整个评价体系中所占的权重。数值越大,表明环境可持续性越差。

购买能值独立水平解释了建筑陶瓷生产系统的竞争力。

能值投资率代表购买的能值占可再生能值和不可再生能值之和的比例,是人类经济投入部分与自然投入部分之间的关系衡量,其值越高,系统的经济发展程度越强。

能值产生率由总能值和输入能值计算而得。购买能量投入越高,能值产生率越低,说明建筑瓷砖厂的竞争力越强。

环境负载率可用于解释生态系统的生态负荷,包括非资源能值压力、外购能值压力等,如废气排放、废水、固体废物等。

可持续性指数是能值产生率和能值负载率之间的比率,体现了环境和经济对评价体系的深远影响。

由于敏感性变动将影响能值评估结果的准确性,为了提高准确率,需要对建筑瓷砖中主要能值变量计算误差浮动,以确定其敏感性,主要计算公式如下:

$$E_m(i) = [(E + \varepsilon_e) \times i] \times [(T + \varepsilon_t) \times i] \tag{3.37}$$

式中:E_m 为能值(sej);E 为能量(J)或物质(kg)或经济(美元);T 为能值转换率;ε_e 是能量的变动误差;ε_t 是能值转换率的变动误差。

二、工业污染能值计算

1. 废气能值计算

根据国家强制性标准,建筑瓷砖行业主要有三种废气,分别是粉尘、二氧化硫和氮氧化物。三种废气会对人类健康和生态系统可持续性造成严重影响,特别是会引起呼吸道方面疾病和破坏生态平衡。根据《陶瓷工业污染物排放标准》(GB

25464—2010)，瓷砖厂的排放数据包括 100 mg/m³（粉尘）、300 mg/m³（二氧化硫）、250 mg/m³（氮氧化物），进行废气处理后，数据分别为 50 mg/m³、70 mg/m³、90 mg/m³。

2. 废水能值计算

建筑陶瓷厂能值计算分为两步走，首先需要计算水的消耗量，见如下公式：

$$Q_i = d \times \left(\frac{H_i \times 10^3}{e_i} \right) - M_w \tag{3.38}$$

式中：Q_i 是水的消耗量，单位为 kg/a；i 值取 1；d 是水的密度（1 000 kg/m³）；H_i 是建筑陶瓷厂每年污染水处理量，为 3.69×10^4 kg/a；根据《国家地表水环境质量标准》(GB 3838—2002)，e_i 的接受浓度为 15 mg/L；M_w 为排放出的废水，为 5.64×10^4 m³/a。

计算建筑陶瓷厂的需水量公式为

$$E_{w,i} = Q_i \times T_n \tag{3.39}$$

式中：$E_{w,i}$ 是整个评估系统的水能值；T_n 是我国地表径流的能值量，为 2.85×10^7 sej/kg。

3. 废物能值计算

陶瓷厂处理固体废物能值计算公式如下：

$$SLM = Z_S \times P_L \times \beta_L \tag{3.40}$$

式中：SLM 代表陶瓷厂的固体废物能值；Z_S 是每年处理的固体废物量，为 5.38×10^4 t/a；P_L 代表了需要的土地量，取值 2.85×10^4 t/ha；β_L 是当地土地的能值的转化率。

三、研究结果与讨论

1. 能值计算与分析

主要计算过程见表 3-7-2 和表 3-7-3。

表 3-7-2 能值转换率修正表格

分项	原能值转换率/(sej/unit)	能值基线/(sej/a)	修正后能值转换率
太阳能	1	12×10^{24}	1
雨水化学能	2.35×10^{4}	12×10^{24}	2.35×10^{4}
雨水势能	1.31×10^{4}	12×10^{24}	1.31×10^{4}
风动能	1.9×10^{3}	12×10^{24}	1.9×10^{3}
地热能	4.37×10^{4}	12×10^{24}	4.37×10^{4}
砂岩	1.42×10^{12}	12×10^{24}	1.42×10^{12}
石灰石	1.27×10^{12}	12×10^{24}	1.27×10^{12}
黏土	2×10^{12}	9.44×10^{24}	2.54×10^{12}
废石	2.01×10^{12}	9.44×10^{24}	2.56×10^{12}
石英	1.68×10^{12}	12×10^{24}	1.68×10^{12}
长石	1.68×10^{12}	12×10^{24}	1.68×10^{12}
滑石	5.26×10^{11}	12×10^{24}	5.26×10^{11}
人工	1.51×10^{10}	15.83×10^{24}	1.14×10^{10}
煤炭	8.77×10^{4}	12×10^{24}	8.77×10^{4}
原油	6.6×10^{4}	9.44×10^{24}	8.39×10^{4}
天然气	4.8×10^{4}	9.44×10^{24}	6.10×10^{4}
电力	4.5×10^{5}	12×10^{24}	4.5×10^{5}

注:表中数据为真实性收集数据和计算数据,为保持真实性,不做统一的四舍五入。

表 3-7-3 建筑陶瓷砖厂的能值计算表格

分项	配比	基础数据	单位	能值转换率	能值/sej	比例/%
可再生能源					2.47×10^{17}	0.6
太阳能		2.07×10^{6}	J/a	1	2.07×10^{6}	0.0
雨水化学能		1.05×10^{13}	J/a	2.35×10^{4}	2.47×10^{17}	0.6
雨水势能		6.59×10^{9}	J/a	2.79×10^{4}	1.84×10^{14}	0.0
风动能		6.44×10^{8}	J/a	1.9×10^{3}	1.22×10^{12}	0.0
地热能		5.51×10^{9}	J/a	3.44×10^{4}	1.9×10^{14}	0.0
不可再生资源					2.37×10^{19}	57.7
砂岩	13.4%	4.65×10^{6}	kg	1.42×10^{12}	6.61×10^{18}	16.1

分项	配比	基础数据	单位	能值转换率	能值/sej	比例/%
石灰石	4.55%	1.57×10^6	kg	1.27×10^{12}	2×10^{18}	4.88
黏土	24.2%	4.19×10^6	kg	2.54×10^{12}	1.07×10^{19}	26
碎石	9.88%	1.71×10^6	kg	2.56×10^{12}	4.36×10^{18}	10.7
购买资源					7.61×10^{18}	18.6
石英	23%	3.82×10^6	kg	1.68×10^{12}	6.42×10^{18}	15.7
长石	3%	4.99×10^5	kg	1.68×10^{12}	8.38×10^{17}	2.05
滑石	4%	6.65×10^5	kg	5.26×10^{11}	3.5×10^{17}	0.85
人工服务					4.83×10^{18}	11.8
人工服务		4.24×10^8	美元	1.14×10^{10}	4.83×10^{18}	11.8
综合能源					3.07×10^{18}	7.49
煤炭		6.7×10^{12}	J	8.77×10^4	5.88×10^{17}	1.43
石油		9.57×10^{12}	J	8.39×10^4	8.03×10^{17}	1.96
天然气		8.92×10^{12}	J	6.10×10^4	5.44×10^{17}	1.33
电力		2.52×10^{12}	J	4.5×10^5	1.13×10^{18}	2.77
工业污染排放					1.58×10^{18}	3.86
废气	粉尘	100 mg/m³			6.41×10^{11}	0.0
	SO_2	300 mg/m³			4.1×10^{11}	0.0
	NO_x	250 mg/m³			4.18×10^{11}	0.0
废水					7.01×10^{16}	0.17
固体废物					1.51×10^{18}	3.69
总和					4.1×10^{19}	100

注:表中数据为真实性收集数据和计算数据,为保持真实性,不做统一的四舍五入。

　　建筑陶瓷砖厂6个能值部分,如可再生能源、不可再生资源、购买资源、人工服务输入、综合能源和工业污染物排放所占的能值比重分别为 0.60%、57.7%、18.6%、11.8%、7.49%和3.86%。从表 3 - 7 - 3 中可以看出,不可再生资源的能值比重最大,是主要的影响因素。不可再生资源的组成类型分别是砂岩、石灰石、黏土和碎石,其中以黏土的比重为最大,占到整个陶瓷砖系统的26%。购买资源输入是第二大影响因素,输入类型为石英、长石和滑石,其中以石英为主要输入,占比15.7%。人工服务是第三因素,占比11.8%。综合能量输入有四种,分别是煤炭、石油、天然气和电力,占系统总比重分别是 1.43%、1.96%、1.33% 和 2.77%,其中电力是最大的组成部分。在建筑陶瓷砖的生产系统中,会产生三类主要的污染物,分别是废气、废水和固体废物。三类污染物能值在总的能值中比重为 3.86%,其中以固体废物为最大,约占 95.56%,其次是 4.44% 的废水,废气污染物的能值占比很小。

2. 能值指标分析

如表 3-7-4 所示,所有指标均已经被计算出。整个建筑陶瓷生产系统的可再生率为 0.6%,对系统的可持续性贡献比例不大。当地资源的不可再生率为 57.7%,该数据说明消耗了过多的不可再生资源,在系统评估中是主要影响因素。购买资源的不可再生率为 18.6%,是系统的第二大负面影响因素。人均能值是 4.66×10^{17} sej/人,能值强度为 8.2×10^{15} sej/m^2,购买能值率为 0.322,结果说明需要加强经济方面的输入,提高系统的竞争力。污染物环境影响率为 0.039,需要改善污染环境,降低系统的负面影响。能值投资率为 0.319 1,说明经济输入严重不足,需要在此方面完善提高。环境负载率为 132.8,呈现出高强度的环境负面压力,需要从整个系统角度考虑降低带来的负面效果。能值产生率为 5.387,是系统可持续评估的正面因素。能值可持续性指数为 0.041,说明整个建筑陶瓷生产系统的可持续性不达标,需要持续改进。基于整个建筑陶瓷系统计算出的能值转换率为 4.01×10^{12} sej/kg。

表 3-7-4　建筑陶瓷制造系统生态指标计算结果

指标类型	符号	结果
可再生能源能值	R	2.47×10^{17} sej
不可再生资源能值	N	2.36×10^{19} sej
购买能值量	P	7.61×10^{18} sej
能量部分能值量	E	3.07×10^{18} sej
人工服务能值量	L	4.83×10^{18} sej
污染能值量	P_e	1.58×10^{18} sej
系统全部能值量	T	4.1×10^{19} sej
可再生率	R_r	0.006
当地资源的不可再生率	N_r	0.577

指标类型	符号	结果
购买资源的不可再生率	N_p	0.186
人均能值	E_d	4.66×10^{17} sej/人
能值强度	E_i	8.2×10^{15} sej/m²
购买能值率	PEDL	0.322
污染物环境影响率	PEIR	0.039
能值投资率	EIR	0.319 1
环境负载率	ELR	132.8
能值产生率	EYR	5.387
能值可持续性指数	ESI	0.041
能值转换率	UEVs	4.01×10^{12} sej/kg

注:表中数据为真实性收集数据和计算数据,为保持真实性,不做统一的四舍五入。

3. 敏感性分析

敏感性分析是能值可持续性评估的必要补充,本研究的敏感性分析做两个假设。假设一:六个大项每个类型变化 10% 后,分析总的能值变化率;假设二:所有输入小项变化 10%,其他值保持不变,计算总能值的变化率。第一个层次是对六个输入大项类型的敏感性分析,包括可再生能源、不可再生资源、购买资源、人工服务、综合性能源和污染排放,见表 3 - 7 - 5 所示。第二个层次是所有输入小项的分析,结果具体见表 3 - 7 - 6。

表 3 - 7 - 5　六个主要输入的敏感性分析

类型	前者/sej	后者/sej	变化/%
可再生能源	2.47×10^{17}	2.72×10^{17}	0.06
不可再生资源	2.36×10^{19}	2.6×10^{19}	5.77
购买资源	7.61×10^{18}	8.37×10^{18}	1.86
人工服务	4.83×10^{18}	5.31×10^{18}	1.18
综合性能源	3.07×10^{18}	3.38×10^{18}	0.75
污染排放	1.58×10^{18}	1.74×10^{18}	0.39

注:表中数据为真实性收集数据和计算数据,为保持真实性,不做统一的四舍五入。

通过假设一的变化率可以看到:对总的能值影响最大的是不可再生资源输入项,为 5.77%,其他依次为购买资源 1.86%、人工服务 1.18%,综合性能源 0.75%、污染排放 0.39％,影响最小的是可再生能源,为 0.06％。

表 3-7-6　所有输入值的敏感性分析

类型	前者/sej	后者/sej	变化/%
太阳能	$2.07×10^6$	$2.28×10^6$	0.00
雨水化学能	$2.47×10^{17}$	$2.72×10^{17}$	0.06
雨水势能	$1.84×10^{14}$	$2.02×10^{14}$	0.00
风能	$1.22×10^{12}$	$1.34×10^{12}$	0.00
地热能	$1.9×10^{14}$	$2.09×10^{14}$	0.00
砂岩	$6.61×10^{18}$	$7.27×10^{18}$	1.62
石灰石	$2×10^{18}$	$2.2×10^{18}$	0.49
黏土	$1.07×10^{19}$	$1.18×10^{19}$	2.62
陶瓷碎片	$4.36×10^{18}$	$4.8×10^{18}$	1.07
石英	$6.42×10^{18}$	$7.06×10^{18}$	1.57
长石	$8.38×10^{17}$	$9.22×10^{17}$	0.20
滑石	$3.5×10^{17}$	$3.85×10^{17}$	0.09
人工服务	$4.83×10^{18}$	$5.31×10^{18}$	1.18
煤炭	$5.88×10^{17}$	$6.47×10^{17}$	0.14
石油	$8.03×10^{17}$	$8.83×10^{17}$	0.20
天然气	$5.44×10^{17}$	$5.98×10^{17}$	0.13
电力	$1.13×10^{18}$	$1.24×10^{18}$	0.28
废气	$6.41×10^{11}$	$7.05×10^{11}$	0.00
废水	$7.01×10^{16}$	$7.71×10^{16}$	0.02
固体废物	$1.51×10^{18}$	$1.66×10^{18}$	0.37

　　表 3-7-6 和图 3-7-3 是所有输入项的敏感性结果。变化最大的是 2.62％幅度的黏土,后面依次为 1.62％的砂岩、1.57％的石英、1.18％的人工服务、1.07％的陶瓷碎片和 0.49％的石灰石,剩余的变化幅度较小。总的规律是能值输入占比大的敏感性变化更明显。

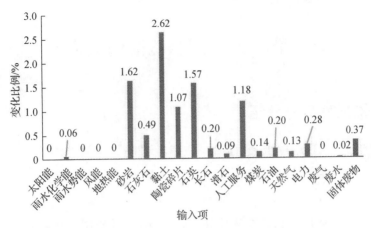

图 3-7-3 所有输入项的敏感性变化

四、应对策略与建议

根据以上的研究结果,为了提高系统的可持续性和综合性能,改善措施有两方面,包括调高可再生能源的输入比例和使用循环材料替换。在前文中已经详细介绍了关于太阳能、水能和风能等可再生能源的相关研究。关于建筑陶瓷行业的可替代材料,相关学者也给出了研究方向,如应用工业矿渣替代陶瓷产品中的黏土成分实现了陶瓷产品性能的提升和环境保护。将城市固体废物的残余物应用到陶瓷生产,减少了不可再生资源的投入,改善了系统的可持续性发展。

五、本节小结

本节为建筑陶瓷生产系统的能值评估,首先在建筑陶瓷主体生产工艺的基础上,设定了其能值评估框架,并且在充分考虑工业污染物能值基础上,完成了整个系统的能值计算、能值指标分析、能值敏感性分析,最后计算出整个建筑陶瓷生产系统的能值转换率,并从可再生能源和可替代材料使用两个方面给出了可持续性优化建议。

第八节 建筑用水的能值转换率

一、污水处理系统介绍

选取的污水处理厂位于上海郊区,在东经 $120°52'\sim122°12'$ 和北纬 $30°40'\sim31°53'$ 之间。该地区气候属于亚热带季风性气候,根据 2019 年我国气候数据,年平均温度为 17.6 ℃,风速平均为 3.25 m/s。该污水厂年处理污水 25 万 t,污水厂的核心工艺为厌氧废水处理技术,主要利用微生物的氧化作用来降解废水中有机物,达到废水处理的效果,处理工艺参照国家强制标准。

1. 基础设施数据

此污水工程基础设施需要计算五个部分,分别为主要建筑材料、辅助工程花费、人工成本和政府服务费用。具体数据见表 3-8-1~表 3-8-4 所示。

表 3-8-1 主要建筑材料类型

材料类型	数据	来源
水泥	$5.44×10^7$ kg	调研
钢材	$2.83×10^7$ kg	调研
自来水	1 450 m³	调研
木材	$5.79×10^5$ kg	调研
砖	$1.97×10^6$ kg	调研
石灰石	$1.31×10^5$ kg	调研
砂石	$2.03×10^7$ kg	调研
瓷砖	$7.36×10^5$ kg	调研
沥青	$1.4×10^5$ kg	调研
铝	$1.14×10^6$ kg	调研

注:表中数据为真实调研数据,为保持真实性,不做统一的四舍五入。

表 3-8-2 辅助工程花费 单位:美元

工程类型	花费	来源
脚手架工程	7 329 560	调研
混凝土模板和支架工程	16 784 840	调研
设备安装和拆卸工程	2 306 530	调研
夜间施工工程	999 011	调研
特殊季节施工	482 690	调研

注:表中数据为真实调研数据,为保持真实性,不做统一的四舍五入。

表 3-8-3 综合的人工投入 单位:美元

工程投入	花费	来源
建筑工程	917 390	调研
安装工程	213 873	调研
装修工程	628 545	调研
市政工程	136 947	调研

注:表中数据为真实调研数据,为保持真实性,不做统一的四舍五入。

表 3-8-4 政府服务和管理费用 单位:美元

服务和管理费用类型	费用	来源
环境保护费用	54 547.2	调研
土工建筑费用	184 536.7	调研
临时设施费	37 435.68	调研
安全施工费用	86 615.89	调研
工程排污费	10 964.02	调研
危险工作意外保险	43 999.7	调研

注:表中数据为真实调研数据,为保持真实性,不做统一的四舍五入。

2. 污水处理工艺

(1)污水处理标准

根据城镇污水处理厂污染物排放标准,对厂内外水样进行了测试,核心检测指标有化学需氧量、总需氧量、悬浮物、总磷、总氮、氨氮等(见表 3-8-5)。

表 3-8-5　水质量处理标准 　　　　　　　　　　单位：mg/L

类型	输入标准	输出标准
化学需氧量	120	50
总需氧量	40	10
悬浮物	130	10
总磷	2	0.5
总氮	30	15
氨氮	25	5

注：表中数据为真实调研数据，为保持真实性，不做统一的四舍五入。

（2）污水处理工艺

污水处理厂核心技术包括机械格栅过滤系统、沉砂室、一级沉淀池、生物处理系统、二级沉淀池、三级沉淀池、水处理，具体的废水处理过程如图 3-8-1。

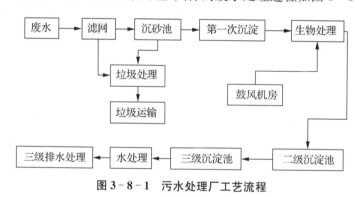

图 3-8-1　污水处理厂工艺流程

3. 能值评估方法

（1）能值流量图

图 3-8-2 为污水处理厂的能值流量图，包括评估边界系统和输入输出系统。中间部位为七个工艺步骤组成的主体系统。左侧的可再生能源输入系统包括阳光、雨（化学势）、雨、风（动能）和地热能。上侧的不可再生资源输入部分分别为污水、电力、交通和人工服务组成。右侧的输出项由污染物和标准水产品组成。

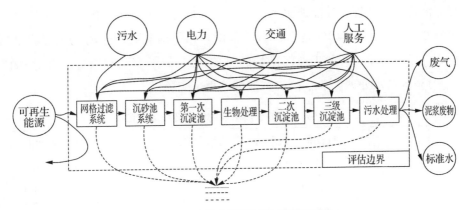

图 3-8-2　污水处理厂的能值流量图

（2）能值指标群

本节的能值指标群同样由可再生率、不可再生率、购买资源的不可再生率、人均能值密度、能值强度、污染物环境影响率、购买能值力、能值投资率、能值产生率、环境负载率和可持续性指标等构成，具体定义和计算参见上述相关章节。

（3）敏感性方法

敏感性分析可以有效地获得评估系统的误差值和变动情况，具体计算方法可以参考上述相关章节。

（4）污染物能值计算

由于污水处理厂的主要能源为电力，根据火电厂大气污染物排放标准，主要有三种废气排放，分别为粉尘、二氧化硫和氮氧化物。本研究需要对生态服务计算和经济损失计算进行研究。新污水处理厂未经处理的废气排放浓度分别为 110 mg/m³（粉尘）、250 mg/m³（SO_2）、300 mg/m³（NO_x）；根据我国环境质量标准，废气经过处理后，相应的数据降低到 35 μg/m³、50 μg/m³、80 μg/m³。具体废气、废水和废物的计算参考上述相关章节。

二、能值讨论与分析

1. 基本能值分析

表 3-8-6 和表 3-8-7 为污水厂的综合能值计算，涉及八个部分，分别为可再生能源能值、不可再生资源能值、购买资源能值、废水处理化学能值、人工服务能值、能量产品能值、交通能值和污染能值。根据此表格的能值计算，基础设施建设

过程能值比污水处理过程能值更为关键。不可再生资源是主要的影响因素,占总能值的 69.1%;紧随其后的是 23.5% 的能源,7% 的购买资源输入,其他的所占比例很小,分别为 0.15% 的工业污染物的排放、0.11% 的劳动和服务、0.05% 的交通、0.01% 的污水处理化学品和 0.01% 的可再生能源。

表 3-8-6　基于新基准的能值转换率修正

类型	原能值转换率	能值基线/(sej/a)	能值转换率修正
太阳能	1 sej/J	12×10^{24}	1 sej/J
雨化学能	2.35×10^{4} sej/J	12×10^{24}	2.35×10^{4} sej/J
雨水势能	1.31×10^{4} sej/J	12×10^{24}	1.31×10^{4} sej/J
风动能	1.9×10^{3} sej/J	12×10^{24}	1.9×10^{3} sej/J
地热能	4.37×10^{4} sej/J	12×10^{24}	4.37×10^{4} sej/J
碎石	1.42×10^{12} sej/kg	12×10^{24}	1.42×10^{12} sej/kg
石灰石	1.27×10^{12} sej/kg	12×10^{24}	1.27×10^{12} sej/kg
水泥	1.93×10^{12} sej/kg	12×10^{24}	1.93×10^{12} sej/kg
钢材	2.75×10^{12} sej/kg	9.44×10^{24}	3.49×10^{12} sej/kg
木材	2.67×10^{12} sej/kg	12×10^{24}	2.67×10^{12} sej/kg
砖材料	2.82×10^{12} sej/kg	12×10^{24}	2.82×10^{12} sej/kg
水	9.03×10^{12} sej/m³	12×10^{24}	9.03×10^{12} sej/m³
陶瓷砖	3.89×10^{12} sej/kg	12×10^{24}	3.89×10^{12} sej/kg
沥青	3.49×10^{12} sej/kg	12×10^{24}	3.49×10^{12} sej/kg
铝材料	1.61×10^{13} sej/kg	12×10^{24}	1.61×10^{13} sej/kg
聚合氯化铝	3.37×10^{6} sej/kg	12×10^{24}	3.37×10^{6} sej/kg
氯物质	3.37×10^{6} sej/kg	12×10^{24}	3.37×10^{6} sej/kg
聚丙烯酰胺	3.37×10^{6} sej/kg	12×10^{24}	3.37×10^{6} sej/kg
高锰酸钾	3.37×10^{6} sej/kg	12×10^{24}	3.37×10^{6} sej/kg
人工服务	1.51×10^{10} sej/美元	15.83×10^{24}	1.14×10^{10} sej/美元
电力	4.5×10^{5} sej/J	12×10^{24}	4.5×10^{5} sej/J

注:本表为综合性计算表格,因涉及宏观和微观两类数据,无法进行统一的数据处理,为保持真实性,不做统一的四舍五入。

表 3 - 8 - 7　污水处理厂的综合能值计算

类型	数据	能值转换率/(sej/unit)	能值/sej	比例/%
可再生能源			2.39×10^{16}	0.01
太阳能	1.32×10^8 J/a	1	1.32×10^8	0.00
雨水化学能	6.41×10^{11} J/a	2.35×10^4	1.51×10^{16}	0.01
雨水势能	2.8×10^{11} J/a	2.79×10^4	7.81×10^{15}	0.00
风动能	4.43×10^{11} J/a	1.9×10^3	8.42×10^{14}	0.00
地热能	3.51×10^{11} J/a	3.44×10^4	1.27×10^{14}	0.00
不可再生资源			2.14×10^{20}	69.1
水泥	5.44×10^7 kg	1.93×10^{12}	1.05×10^{20}	33.9
钢材	2.83×10^7 kg	2.75×10^{12}	7.78×10^{19}	25.1
碎石	2.03×10^7 kg	1.42×10^{12}	2.28×10^{19}	7.36
砖	1.97×10^6 kg	2.82×10^{12}	5.56×10^{18}	1.79
木材	5.79×10^5 kg	2.67×10^{12}	1.55×10^{18}	0.5
自来水	1.45×10^6 m³	9.03×10^{11}	1.31×10^{18}	0.42
石灰石	1.31×10^5 kg	1.27×10^{12}	1.66×10^{17}	0.05
购买资源			2.17×10^{19}	7
铝	1.14×10^6 kg	1.61×10^{13}	1.84×10^{19}	5.94
瓷砖	7.36×10^5 kg	3.89×10^{12}	2.86×10^{18}	0.92
沥青	1.4×10^5 kg	3.49×10^{12}	4.89×10^{17}	0.16
化学物质			2.23×10^{16}	0.01
聚合氯化铝	6.52×10^9 kg	3.37×10^6	2.2×10^{16}	0.01
液氯	3.86×10^7 kg	3.37×10^6	1.3×10^{14}	0
聚丙烯酰胺	2.49×10^7 kg	3.37×10^6	8.39×10^{13}	0
高锰酸钾	3.04×10^7 kg	3.37×10^6	1.02×10^{14}	0
人工服务			3.44×10^{17}	0.11
人工服务	3.02×10^7 美元	1.14×10^{10}	3.44×10^{17}	0.11
能源			7.29×10^{19}	23.5
电力	1.62×10^{14} J	4.5×10^5	7.29×10^{19}	23.5

类型		数据	能值转换率/(sej/unit)	能值/sej	比例/%
交通				$1.55×10^{17}$	0.05
交通		$2.04×10^5$ t・km	$7.61×10^{11}$	$1.55×10^{17}$	0.05
工业污染物排放				$4.76×10^{17}$	0.15
废气	粉尘	35 $μg/m^3$		$2.49×10^{13}$	0
	SO_2	50 $μg/m^3$		$4.46×10^{13}$	0
	NO_x	80 $μg/m^3$		$1.11×10^{14}$	0
废水				$4.75×10^{17}$	0.15
废物				$5.84×10^{14}$	0
总和				$3.1×10^{20}$	100
能值转换率		$3.4×10^{12}$ sej/m^3			

注：本表为综合性计算表格，因涉及宏观和微观两类数据，无法进行统一的数据处理，为保持真实性，不做统一的四舍五入。

水泥(33.9%)、钢材(25.1%)、碎石(7.36%)、砖(1.79%)、木材(0.50%)、自来水(0.42%)、石灰石(0.05%)等不可再生资源对评估结果起决定性作用。其中水泥、钢材、碎石又占据了不可再生资源的大部分能值比重，约为66.36%。能源对整个结果的影响是第二位的。外购资源是第三大影响因素。工业污染物由废气、废水和固体废物三类构成。其中，废水具有比废气和废水更大的影响。基于我国的实际生产能力，人工服务能值只占总能值的0.11%，对新污水处理厂的可持续性评估效果影响有限。

2. 能值指标分析

污水处理厂的全部评估指标见表3－8－8。可再生率为0.000 077，可持续性水平较弱。当地资源的不可再生率为0.69，表明资源投入过多，对当地环境造成了较大压力。购买资源的不可再生率为0.07，表明整个评价过程需要大量地购买资源投入，不利于可持续发展。能值密度为$6.2×10^{17}$ sej/人，代表污水处理厂自动化生产程度较高。能值强度为$9.75×10^{14}$ sej/m^2，在一定程度上体现了较好的土地利用效果。购买能值率为0.101，体现了污水处理系统竞争力不强，需要完善提高。污染物环境影响率为0.001 5，对整个系统的影响不大。能值投资比为0.101 4，说明系统投资比较低，与自然投入部分相比，经济投入部分的比例还有待提高。环境负载率为9 881.8，说明系统环境压力过大。能值产生率为10.88，代表评价体系的竞争能力。能值可持续指数为 0.001 1。以上指标均说明需要进一步提高和改善污水厂的可持续水平。

表 3-8-8　能值指标的计算结果

类型	结果
可再生能源能值	2.39×10^{16} sej
不可再生资源能值	2.14×10^{20} sej
购买能值量	2.17×10^{19} sej
废水处理化学能值	2.23×10^{16} sej
人工服务能值量	3.44×10^{17} sej
能量产品能值	7.29×10^{19} sej
交通能值	1.55×10^{17} sej
污染能值	4.76×10^{17} sej
系统总能值量	3.1×10^{20} sej
可再生率	0.000 077
当地资源的不可再生率	0.69
购买资源的不可再生率	0.07
能值密度	6.2×10^{17} sej/人
能值强度	9.75×10^{14} sej/m²
购买能值率	0.101
污染物环境影响率	0.001 5
能值投资率	0.101 4
环境负载率	9 881.8
能值产生率	10.88
能值可持续指数	0.001 1

注：本表为综合性计算表格，因涉及宏观和微观两类数据，无法进行统一的数据处理，为保持真实性，不做统一的四舍五入。

三、能值转换率分析

根据表 3-8-9 的统计数据，相关学者对污水处理系统进行了持续研究，计算出的能值转换率为 6.79×10^{11} sej/m³ 和 9.03×10^{11} sej/m³，但是由于选择研究对象为旧污水处理系统，故计算值偏低，期间未考虑基础设施能值或污染能值等。本书选取最新的能值基线，结果表明，该新污水厂的能值转换率较高，说明基础设施投入过大，系统的可持续效率较低。为了提高类似系统的环境可持续性，部分学者做出了探索研究,如污水系统的节能策略研究,结果表明可以降低系统能值转换率。

表 3-8-9　我国污水厂能值转换率对比

能值基线(sej/a)	能值转换率(sej/m³)	基础设施能值	运行能值	污染能值
15.83×10^{24}	6.79×10^{11}	✗	✓	✗
12×10^{24}	9.03×10^{11}	✗	✓	✓
12×10^{24}	3.4×10^{12}	✓	✓	✓

注:本表为综合性计算表格,因涉及宏观和微观两类数据,无法进行统一的数据处理,为保持真实性,不做统一的四舍五入。

四、敏感性分析

新建污水处理厂的能值主要有三种,即不可再生资源能值、能源能值和外购资源能值。通过对这三类主要影响因素的变化幅度来验证敏感性分析,具体结果见表 3-8-10 和表 3-8-11。

表 3-8-10　三类主要输入的敏感性分析

类型	变化前/sej	变化后/sej	变化幅度/%
不可再生资源	2.14×10^{20}	2.35×10^{20}	6.9
外购资源	2.17×10^{19}	2.39×10^{19}	0.7
能源	7.29×10^{19}	8.02×10^{19}	2.3

注:本表为综合性计算表格,因涉及宏观和微观两类数据,无法进行统一的数据处理,为保持真实性,不做统一的四舍五入。

表 3-8-10 给出了假设的敏感性分析情况。三个因素在-10%的变化范围内,不可再生资源的波动幅度最大(6.9%),其次是能源(2.3%)和外购资源(0.7%)。出现这一趋势的原因是不可再生资源发挥了比其他资源更重要的作用。

表 3-8-11　各类指标变化前后的对比

类型	变化前	变化后
可再生率	0.000 08	0.000 07
当地资源的不可再生率	0.690 323	0.689 15
购买资源的不可再生率	0.07	0.070 1

类型	变化前	变化后
能值密度/(sej/人)	6.2×10^{17}	6.82×10^{17}
能值强度/(sej/m²)	9.75×10^{14}	1.07×10^{15}
购买能值率	0.101 4	0.101 7
污染物环境影响率	0.001 5	0.001 4
能值投资率	0.101 39	0.101 69
环境负载率	9 881.84	10 852.55
能值产生率	10.88	10.85
能值可持续指数	0.001 1	0.001

注：本表为综合性计算表格，因涉及宏观和微观两类数据，无法进行统一的数据处理，为保持真实性，不做统一的四舍五入。

所有指标敏感性分析的结果为 R_r(4.76%)、N_r(0.08%)、N_p(−0.06%)、E_d(−4.76%)、ELR(−4.68%)、PEDL(−0.14%)、PEIR(4.74%)、EIR(−0.15%)、ELR(−4.68%)、EYR(0.14%)、ESI(4.8%)。其中，ESI 的影响最大，其他依次排序为 Rr、E_d、PEIR、ELR 和 ELR。

五、总结与建议

本节针对我国污水系统的可持续状态进行了能值分析，首先通过调研获得了基础设施的相关数据，在污水处理工艺的基础上，构建了污水系统能值评估边界；其次对能值主要影响因素和能值指标进行了辨别，重点针对污水系统的能值转换率和敏感性进行了分析。需要特别指出的是，整个污水处理系统的可持续性水平可以通过改善能源结构和循环材料替代得到提高，这在前面章节中已做了详细论述和介绍。

第九节　本章小结

本章节是全书的核心和难点，是我国建筑全生命周期能值研究的基础，同时也是区分国内外能值转换率效果的关键。首先，对七类建筑元素的计算依据和代表性进行了阐述,以保证各个元素能值转换率的通过性。其次,通过对水泥、钢材、混凝土、玻璃、砖、陶瓷和用水等行业数据和主体工艺提取,构建了各个元素系统的能值评估边界,完成了主要能值项、能值指标、能值敏感性等一系列关键的分析。最后,计算完成各个元素能值转换率,为第四章的案例计算和分析提供了依据。各个元素能值转换率的计算结果依次为:湿料水泥的能值转换率为 2.56×10^{12} sej/kg,干料水泥为 2.46×10^{12} sej/kg;钢铁生产的能值转换率为 2.29×10^{15} sej/t;各类混凝土能值转换率见表 3-4-2;四类玻璃能值转换率分别为 1.69×10^{12} sej/kg、1.8×10^{12} sej/kg、1.6×10^{12} sej/kg、1.71×10^{12} sej/kg;砖系统的能值转换率为 4.23×10^{12} sej/kg;建筑陶瓷砖系统的能值转换率为 4.01×10^{12} sej/kg;污水处理系统的能值转换率为 3.4×10^{12} sej/m³。

第四章
民用建筑实践案例研究

第一节 办公类钢筋混凝土建筑案例

一、办公类钢混建筑案例一

东南大学逸夫建筑楼属于典型的长三角领域办公建筑(图 4-1-1),参数指标包括框剪结构,高度 71.5 m,总用地面积 4 610 m²,总建筑面积 16 873 m²,其中地上 15 419m²,地下 1 471 m²,主楼地上 15 层,地下 1 层,裙楼 3 层。

图 4-1-1 东南大学逸夫楼组图

1. 能值流量图和指标

图 4-1-2 给出了办公类混凝土建筑能值评估边界,涉及可再生能源的输入(左侧部分)、不可再生的五个阶段能值输入(上侧部分)和内部整个建筑体系,最后是右侧的输出部分,一部分输出到外界环境中,另一部分输出到市场。

表 4-1-1 为逸夫楼办公建筑的可持续性能值评估指标群,共 11 项,其中基本能值指标为 8 项(编号 1~8),综合性的能值指标为 9~11 项。最关键的指标分别是环境负载率、能值产生率和可持续发展指数,代表了系统的环境压力、系统能值净产出量和建筑可持续发展能力。

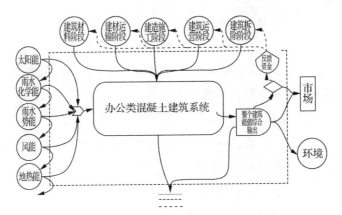

图 4-1-2　建筑全生命周期基本能值边界图

表 4-1-1　逸夫建筑楼可持续性能值指标

编号	能值指标	代码	含义
1	可更新资源能值	R	自有的可持续性资源
2	不可更新能值	N	不可更新的资源
3	外界输入能值	F	外界净输入能值
4	总能值使用量	U	建筑总的固有能值量
5	能值总输入量	I	输入建筑的总能值量
6	人均能值强度	U/P	单个人的能值量
7	单位货币能值	U/M	单位货币的能值量
8	能值密度	U/S	单位面积的能值量
9	环境负载率	ELR	系统对环境影响指标
10	能值产生率	EYR	系统能值净产出量
11	可持续发展指数	ESI	建筑可持续发展能力

2. 全生命周期的能值计算

（1）可再生能源的能值计算

可再生能源的能值计算总模型公式为

$$T_{RE} = T_\alpha + T_\beta + T_\chi + T_\delta + T_\varepsilon \qquad (4.1)$$

式中：T_{RE} 代表了办公类建筑的可再生能源总的能值量；T_α 代表了太阳能的能值量；T_β 代表了雨水势能的能值量；T_χ 代表了雨水化学能的能值量；T_δ 代表了风能的能值量；T_ε 代表了地热能的能值量。

117

① 太阳能的能值量具体计算公式如下：

$$T_\alpha = T_{\alpha_1} \times (1 - T_{\alpha_2}) \times A \times UEV_\alpha \tag{4.2}$$

式中：T_{α_1} 为光照射率；T_{α_2} 为反射率；A 为建筑面积；UEV_α 为太阳能的能值转换率。

② 雨水势能的能值量具体计算公式如下：

$$T_\beta = A \times T_{\beta_1} \times T_{\beta_2} \times T_{\beta_3} \times T_{\beta_4} \times T_{\beta_5} \times UEV_\beta \tag{4.3}$$

式中：A 为建筑面积；T_{β_1} 为降雨量；T_{β_2} 为径流率；T_{β_3} 为水密度；T_{β_4} 为海拔高度；T_{β_5} 为重力加速度；UEV_β 为雨水势能的能值转换率。

③ 雨水化学能的能值量具体计算公式如下：

$$T_\chi = A \times T_{\chi_1} \times T_{\chi_2} \times T_{\chi_3} \times T_{\chi_4} \times UEV_\chi \tag{4.4}$$

式中：A 为建筑面积；T_{χ_1} 为平均降雨量；T_{χ_2} 为蒸散率；T_{χ_3} 为水密度；T_{χ_4} 为吉布斯自由能；UEV_χ 为雨水化学能的能值转换率。

④ 风能的能值量具体计算公式如下：

$$T_\delta = A \times T_{\delta_1} \times T_{\delta_2} \times T_{\delta_3}^3 \times UEV_\delta \tag{4.5}$$

式中：A 为建筑面积；T_{δ_1} 为空气密度；T_{δ_2} 为阻力系数；T_{δ_3} 为自转风速；UEV_δ 为风能的能值转换率。

⑤ 地热能的能值量具体计算公式如下：

$$T_\varepsilon = A \times T_{\varepsilon_1} \times UEV_\varepsilon \tag{4.6}$$

式中：A 为建筑面积；T_{ε_1} 为热流；UEV_ε 为地热能的能值转换率。

根据以上公式，具体的计算过程为：

A. 太阳能值计算

a. 建筑面积 $=16\ 873\ \text{m}^2$

b. 光照射率 $=5 \times 10^9 \sim 5.85 \times 10^9\ \text{J/(m}^2 \cdot \text{a)}$

c. 反射率 $=0.3$

d. 能量 $=$ 光照射率 $\times$（1$-$反射率）$\times$ 面积 $=5.43 \times 10^9\ \text{J/(m}^2 \cdot \text{a)} \times 0.7 \times 16\ 873\ \text{m}^2 = 6.41 \times 10^{13}\ \text{J/a}$

e. 能值转换率 $=1\ \text{sej/J}$

f. 太阳能能值量 $=6.41 \times 10^{13}\ \text{J/a} \times 50\ \text{a} \times 1\ \text{sej/J} = 3.21 \times 10^{15}\ \text{sej}$

B. 雨水势能能值计算

a. 建筑面积 $=16\ 873\ \text{m}^2$

b. 平均降雨量 $=0.71\ \text{m/a}$；平均海拔高度 $=316\ \text{m}$

c. 水密度＝$1×10^3$ kg/m³

d. 径流率＝40%

e. 能量＝面积×降雨量×径流率×水密度×海拔高度×重力加速度＝16 873 m²×0.71 m/a×40%×1 000 kg/m³×316 m×9.8 m/s²＝$1.48×10^{10}$ J/a

f. 能值转换率＝$2.79×10^4$ sej/J

g. 雨水势能能值量＝$1.48×10^{10}$ J/a×50 a×$2.79×10^4$ sej/J＝$2.06×10^{16}$ sej

C. 雨水化学能能值计算

a. 建筑面积＝16 873 m²

b. 平均降雨量＝0.71 m/a

c. 水密度＝$1×10^3$ kg/m³

d. 蒸散率＝60%

e. 水的吉布斯自由能＝$4.94×10^3$ J/kg

f. 能量＝建筑面积×平均降雨量×蒸散率×水密度×吉布斯自由能＝16 873 m²×0.71 m/a×$1×10^3$ kg/m³×60%×$4.94×10^3$ J/kg＝$3.55×10^{10}$ J/a

g. 能值转换率＝18 199 sej/J

h. 雨化学能能值量＝$3.55×10^{10}$ J/a×50 a×18 199 sej/J＝$3.23×10^{16}$ sej

D. 风能能值计算

a. 建筑面积＝16 873 m²

b. 空气密度＝1.29 kg/m³

c. 自转风速＝3.17 m/s

d. 阻力系数＝0.001

e. 能量＝建筑面积×空气密度×阻力系数×自转风速的三次方×$3.15×10^7$ s/a＝16 873 m²×1.29 kg/m³×$1×10^{-3}$×(3.17 m/s)³×$3.15×10^7$ s/a＝$2.18×10^9$ J/a

f. 能值转换率＝1 496 sej/J

g. 风能能值量＝$2.18×10^9$ J/a×50 a×1 496 sej/J＝$1.63×10^{14}$ sej

E. 地热能能值计算

a. 建筑面积＝16 873 m²

b. 热流＝$3.50×10^{-2}$ J/(m² · s)

c. 能量＝建筑面积×热流×$3.15×10^7$ s/a＝16 873 m²×$3.50×10^{-2}$ J/(m² · s)×$3.15×10^7$ s/a＝$1.86×10^{10}$ J/a

d. 能值转换率＝34 377 sej/J

e. 地热能能值量＝2.18×10¹⁰ J/a×50 a×34 377 sej/J＝3.75×10¹⁶ sej

（2）建材生产阶段能值计算

表4-1-2为逸夫建筑楼的15种主要建筑材料能值计算表格，包括建材用量和对应的能值量。单从总用量来看，用量前三位是水泥、钢材和混凝土；从能值角度评估，用量排序依次是水泥、钢材和混凝土，两类对比一致，图4-1-3给出了具体的趋势图。

表4-1-2　逸夫建筑楼主要建材用量统计与能值计算

材料名称	建材用量	单位	能值转换率/(sej/U)	单因素能值/sej
水泥	4.7×10⁷	kg	2.59×10¹²	1.23×10²⁰
钢	1.4×10⁷	kg	6.97×10¹²	1.01×10²⁰
铝合金	1 168.6	kg	1.27×10¹³	1.48×10¹⁶
铜	204	kg	6.77×10¹³	1.38×10¹⁶
混凝土	1.2×10⁷	kg	1.81×10¹²	2.26×10¹⁹
砖	23 609.1	kg	2.52×10¹²	5.95×10¹⁶
碎石	384 440	kg	1×10¹²	3.84×10¹⁷
石材	440 265	kg	1×10¹²	4.4×10¹⁷
石灰	121 799.8	kg	1.69×10¹²	2.06×10¹⁷
瓷砖	236 723	kg	2.52×10¹²	5.97×10¹⁷
涂料	64 375.5	kg	1.52×10¹³	9.79×10¹⁷
玻璃	48 525	kg	7.87×10¹²	3.82×10¹⁷
木材	120.91	m³	8.79×10¹¹	1.06×10¹⁴
有机材料	17 249.1	kg	6.88×10¹²	1.19×10¹⁷
循环水	1 468	m³	3.4×10¹²	4.99×10¹⁵

注：表中数据为真实收集数据，为保持真实性，不做统一的四舍五入。

图4-1-4是逸夫建筑楼主要材料能值所占比重，15种建筑材料的能值量从大到小排序为水泥、钢材、混凝土、涂料、瓷砖、石材、碎石、玻璃、石灰、有机材料、砖、木材、合金、铜和水。其中前三位的能值量分别为水泥、钢材和混凝土，比重分别是49％，41％，9％。

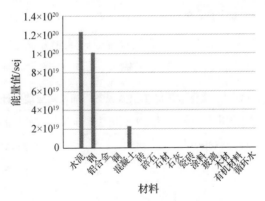

图 4-1-3 逸夫建筑楼主要材料能值量计算

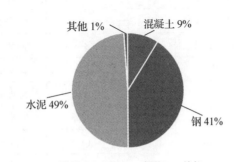

图 4-1-4 逸夫建筑楼主要材料能值比重

（3）建材运输阶段能值计算

根据东南大学档案馆的资料，逸夫建筑楼的基础运输量为 1 233.25 m³，按照概算定额标准，以消耗柴油定额计算，单位柴油定额以 0.536 4 kg/m³ 计算。柴油的能值转换率为 6.58×10^4 sej/J。按照零号柴油的数据，1 L 柴油为 0.72 kg，每千克产生 9 600 kcal 热量，同时 1 kcal 等于 4.19 kJ，可计算出 1 L 柴油可以产生 28 990 J 能量；按照国际柴油每升密度为 0.84 g/mL，0.84 kg 柴油可以产生 28 990 J 能量。

根据重型商用车辆燃料消耗量限值国家标准，以 25 t 卡车为计算车型，每 100 km 的柴油消耗为 32.5 L，总的卡车运输距离约为 1 000 km。

总的运输能值量为

$$E_{运输} = (1\ 233.25 \times 0.536)/0.84 \times 28\ 990 \times 6.58 \times 10^4 + 4 \times 500 \times 1\ 000$$
$$= 7.51 \times 10^{17} (\text{sej})$$

（4）建造施工阶段能值计算

表 4-1-3 为建筑施工设备明细表和对应的能值量表，共包含 15 种施工机械，此表格中的能值计算包含了人工能值输入。

表 4-1-3　案例建筑施工机械配备明细及对应能值计算

名称	规格	数量	额定功率/kW	施工部位	能值/sej
塔吊	QTZ4808	6	45	基础-主体	9×10^{17}
搅拌机	JS350	12	15	主体-装饰	3×10^{17}
砂浆机	HJ-200	28	2	主体-装饰	8×10^{16}
平板振动机	PZ-50	32	2.2	基础-装饰	4.4×10^{16}
插入式振动机	HZ-50A	25	1.1	基础-装饰	1.32×10^{17}
木工平刨	MQ112A	25	3	基础-装饰	6×10^{16}
木工压刨	MB106	25	7.5	基础-装饰	1.5×10^{17}
木工圆锯机	MJ104	30	3	基础-装饰	6×10^{16}
交流电焊机	BX3-500	30	32	基础-主体	6.4×10^{17}
电渣压力焊机	KDZ-500	30	45	基础-主体	2.7×10^{18}
对焊机	BX-126	25	100	基础-主体	2×10^{18}
手提式电焊机	BX-126	40	15	基础-主体	6×10^{17}
钢筋切断机	GJ5-40	35	5.5	基础-主体	1.1×10^{17}
钢筋弯曲机	GJT-40	45	2.8	基础-主体	5.6×10^{16}
离心泵	1/2B-17	18	2.2	基础-装饰	1.76×10^{17}

注：表中数据为真实收集数据，为保持真实性，不做统一的四舍五入。

因总的燃油能值占比较小，此处忽略不计。

按能值量大小依次排序为电渣压力焊机、对焊机、塔吊、交流电焊机、手提式电焊机、搅拌机、离心泵、木工压刨、插入式振动机、钢筋切断机、砂浆机、木工平刨、木工圆锯机、钢筋弯曲机、平板振动机。

从图 4-1-5 中可以发现前三位的能值量为电渣压力焊机、对焊机和塔吊，15 种施工机械的总能值量为 80.1×10^{17} sej。

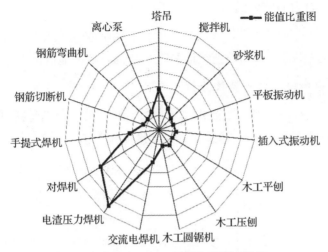

图 4-1-5 主要工程机械能值比重图

整个工程各个主要设备的主用电量计算见如下公式,由此可计算总设备用电量的能值。

$$P = 1.1 \times \left[\frac{K_1 \sum P_1}{\cos\theta} + K_2 \sum P_2 + K_3 \sum P_3 + K_4 \sum P_4 \right] \qquad (4.1)$$

式中:$\sum P_1$ 为电动机总功率;$\sum P_2$ 为电焊设备总功率;$\sum P_3$ 为室内照明总功率;$\sum P_4$ 为室外照明总功率。单位均为 kW。

动力用电计算结果如下:

$$P_{\text{动力电}} = 1.05 \times (0.6 \times 193 \div 0.75 + 0.5 \times 331) = 335.9(\text{kW})$$

照明用电也是建筑耗能的重点,根据施工记录,照明占 10% 的用电量,故总用电量约为 370 kW。

按照电力能值转换率 2.1×10^5 sej/J,设备耗电总的能值为 2.79×10^{14} sej。

(5)建筑运营阶段能值计算

按照我国建筑使用年限规定,作为公共建筑的逸夫建筑楼使用年限为 50 年。根据南京所属的我国气候分区为夏热冬冷区,综合考虑后获得逸夫建筑楼单面积的能耗值为 110 kW·h/(m^2·a),建筑物总建筑面积 16 873 m^2,计算建筑运营阶段的能值量为

$$P_{\text{运营}} = 110 \times 16\,873 \times 50 \times 3.6 \times 10^6 \times 2.1 \times 10^6 = 7.02 \times 10^{20}(\text{sej})$$

（6）建造拆除阶段能值计算

参考建筑拆除阶段碳排放占建材生产和建造阶段碳排放的估算比例，根据建筑拆除规范预估拆除能值占建造能值的1%，拆除阶段的能值量为 $8.01×10^{16}$ sej。

3. 建筑全生命周期可持续分析

表4-1-4为办公建筑楼全生命周期的能值计算值，分别包括可再生能源、建材生产、建材运输、建造施工、建筑运营以及建筑拆除等六个部分。

表4-1-4　逸夫楼全生命周期能值计算　　　　　　　　　　　　单位：sej

阶段		可再生能源	建材生产	建材运输	建造施工	建筑运营	建筑拆除
能值	1年	$9.38×10^{16}$	$2.5×10^{20}$	$7.51×10^{17}$	$8.01×10^{19}$	$7.07×10^{20}$	$8.01×10^{16}$
	50年	$9.38×10^{16}$	$2.5×10^{20}$	$7.51×10^{17}$	$8.01×10^{19}$	$1.41×10^{19}$	$8.01×10^{16}$

注：表中数据为计算统计数据，真实性表述。

将运营阶段固定在一年的投入，对比各个阶段的能值投入，可以发现对整个办公建筑可持续影响最大的是建筑材料，其投入远远高于其他阶段，居第二位的是建造阶段。建筑50年的运营阶段所占能值比重最大，其次是建筑材料本身的能值，后面依次为施工建造阶段、材料运输阶段和拆除阶段，其中，可再生能源的能值比重最小。

4. 基于我国能值转换率的评估对比

表4-1-5为最终的能值指标评估结果，根据国外的能值转换率计算可知：可更新能值量为 $9.38×10^{16}$ sej；不可更新能值量为 $3.72×10^{19}$ sej；外界输入能值为 $1.22×10^{20}$ sej；总能值输入量为 $1.27×10^{20}$ sej；总能值使用量为 $1.27×10^{20}$ sej；人均能值强度为 $1.27×10^{17}$ sej/人；单位货币能值为 $2.68×10^{12}$ sej/美元；能值密度为 $7.52×10^{15}$ sej/m²。替代基于我国数据的水泥、钢材、混凝土玻璃、砖、陶瓷等能值转换率后，相应的变化见表4-1-5。

表4-1-5　逸夫建筑楼可持续性能值指标评估

编号	能值指标	国外能值转换率	我国能值转换率
1	可更新能值(sej)	$9.38×10^{16}$	$9.38×10^{16}$
2	不可更新能值(sej)	$3.72×10^{19}$	$1.01×10^{20}$
3	外界输入能值(sej)	$1.22×10^{20}$	$1.86×10^{20}$

续表 4-1-5

编号	能值指标	国外能值转换率	我国能值转换率
4	总能值使用量（sej）	1.27×10^{20}	1.91×10^{20}
5	能值总输入量（sej）	1.27×10^{20}	1.91×10^{20}
6	人均能值强度（sej/人）	1.27×10^{17}	1.91×10^{17}
7	单位货币能值（sej/美元）	2.68×10^{12}	4.03×10^{12}
8	能值密度（sej/m²）	7.52×10^{15}	1.13×10^{16}
9	环境负载率	1 714.5	2 354.58
10	能值产生率	2.146 3	0.913 13
11	可持续发展指数	0.001 3	0.000 85

注：表中数据为计算统计数据，真实性表述。

以逸夫楼全生命周期能值量为基础，得到逸夫建筑楼可持续性指标分析结果，基于国内和国外的不同能值转换率计算，获得的对比见图 4-1-6。

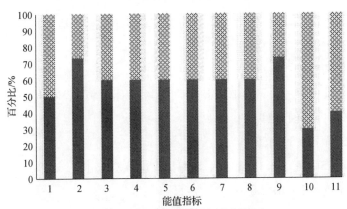

1—可更新能值；2—不可更新能值；3—外界输入能值；4—总能值使用量；
5—能值总输入量；6—人均能值强度；7—单位货币能值；8—能值密度；
9—环境负载率；10—能值产生率；11—可持续发展指数

图 4-1-6　逸夫楼建筑生态可持续性指标对比图

从表 4-1-5 可知，基于我国数据的能值转换率的环境负载率为 2 354.58，国外数据计算为 1 714.5；从能值产生率的数据来看，分别为 0.913 13 和 2.146 3；能值可持续性指标评估参数为 0.000 85 和 0.001 3。整体分析，不论使用国外的能值转换率还是国内的转化率，逸夫楼的压力都处于高负荷状态，能值产生率低，为不可持续状态。我国实际情况下的逸夫楼评估结果较国外数据相比，造成的误差分别为 37.3%、57.5% 和 34.6%，说明基于我国实际情况的能值转换率计算是十分必要的。

二、办公类钢混建筑案例二

本办公建筑位于江苏南京雨花台区商业地段，总建筑面积约为 11 582 m²，总高度 18 层，均为办公楼层。该办公建筑为 2015 年设计建造，总体结构为钢筋混凝土框架结构。

1. 全生命周期的能值计算

（1）可再生能源的能值计算

① 太阳能值计算

Ⅰ. 建筑面积＝11 582 m²

Ⅱ. 光照射率＝$5 \times 10^9 \sim 5.85 \times 10^9$ J/(m²·a)

Ⅲ. 反射率＝0.3

Ⅳ. 能量＝光照射率×(1－反射率)×建筑面积＝5.43×10^9 J/(m²·a)×0.7×11 582 m²＝4.40×10^{13} J/a

Ⅴ. 能值转换率＝1 sej/J

Ⅵ. 太阳能值量＝4.40×10^{13} J/a×50 a×1 sej/J＝2.20×10^{15} sej

② 雨水势能能值计算

Ⅰ. 建筑面积＝11 582 m²

Ⅱ. 平均降雨量＝0.71 m/a；平均海拔高度＝316 m

Ⅲ. 水密度＝1×10^3 kg/m³

Ⅳ. 径流率＝40%

Ⅴ. 能量＝建筑面积×平均降雨量×径流率×水密度×平均海拔高度×重力加速度＝11 582 m²×0.71 m/a×40%×1×10^3 kg/m³×316 m×9.8 m/s²＝1.04×10^{10} J/a

Ⅵ. 能值转换率＝2.79×10^4 sej/J

Ⅶ. 雨水势能能值量＝1.04×10^{10} J/a×50 a×2.79×10^4 sej/J＝1.44×10^{16} sej

③ 雨水化学能能值计算

Ⅰ．建筑面积＝11 582 m²

Ⅱ．平均降雨量＝0.71 m/a

Ⅲ．水密度＝1×10³ kg/m³

Ⅳ．蒸散率＝60％

Ⅴ．水的吉布斯自由能＝4.94×10³ J/kg

Ⅵ．能量＝建筑面积×平均降雨量×蒸散率×水密度×吉布斯自由能＝11 582 m²×0.71 m/a×1×10³ kg/m³×60％×4.94×10³ J/kg＝2.49×10¹⁰ J/a

Ⅶ．能值转换率＝18 199 sej/J

Ⅷ．雨水化学能能值量＝2.49×10¹³ J/a×50 a×18 199 sej/J＝2.26×10¹⁶ sej

④ 风能能值计算

Ⅰ．建筑面积＝11 582 m²

Ⅱ．空气密度＝1.29 kg/m³

Ⅲ．自转风速＝3.17 m/s

Ⅳ．阻力系数＝0.001

Ⅴ．能量＝建筑面积×空气密度×阻力系数×自转风速的三次方＝11 582 m²×1.29 kg/m³×1×10⁻³×(3.17 m/s)³×3.15×10⁷ s/a＝1.49×10⁹ J/a

Ⅵ．能值转换率＝1 496 sej/J

Ⅶ．风能能值量＝1.49×10⁹ J/a×50 a×1 496 sej/J＝1.11×10¹⁴ sej

⑤ 地热能能值计算

Ⅰ．建筑面积＝11 582 m²

Ⅱ．热流＝3.50×10⁻² J/(m²·s)，能量＝建筑面积×热流＝11 582 m²×3.50×10⁻² J/(m²·s)×3.15×10⁷ s/a＝1.3×10¹⁰ J/a

Ⅲ．能值转换率＝34 377 sej/J

Ⅳ．地热能能值量＝1.3×10¹⁰ J/a×50 a×34 377 sej/J＝2.23×10¹⁶ sej

（2）建材生产阶段能值计算

表4-1-6为案例二办公建筑的15种主要建筑材料，包括建材用量和对应的能值量。单从总用量来看，用量最多的前三位是水泥、钢材和混凝土；从能值角度评估，排序依次是混凝土、水泥和钢材，两类对比一致。15种建筑材料的能值量依大小排序为混凝土、水泥、钢材、涂料、瓷砖、石材、碎石、玻璃、石灰、有机材料、砖、

木材、合金、铜和水。

表 4-1-6　案例二办公建筑楼主要建材用量统计与能值计算

材料名称	建材用量	计量单位	能值转换率/(sej/U)	单因素能值/sej
水泥	3.28×10^7	kg	2.59×10^{12}	8.47×10^{19}
钢	9.98×10^6	kg	6.97×10^{12}	6.96×10^{19}
铝合金	8.05×10^2	kg	1.27×10^{13}	1.02×10^{16}
铜材	1.41×10^2	kg	6.77×10^{13}	9.51×10^{15}
混凝土	8.59×10^6	kg	1.81×10^{12}	1.56×10^{19}
砖	1.63×10^4	kg	2.52×10^{12}	4.1×10^{16}
碎石	2.65×10^5	kg	1×10^{12}	2.65×10^{17}
石材	3.03×10^5	kg	1×10^{12}	3.03×10^{17}
石灰	8.39×10^4	kg	1.69×10^{12}	1.42×10^{17}
瓷砖	1.63×10^5	kg	2.52×10^{12}	4.11×10^{17}
涂料	4.44×10^4	kg	1.52×10^{13}	6.75×10^{17}
玻璃	3.34×10^4	kg	7.87×10^{12}	2.63×10^{17}
木材	8.33×10^1	m³	8.79×10^{11}	7.3×10^{13}
有机材料	1.19×10^4	kg	6.88×10^{12}	8.2×10^{16}
循环水	1.01×10^3	m³	3.4×10^{12}	3.44×10^{15}

注:表中数据为真实性收集数据和计算数据,为保持真实性,不做统一的四舍五入。

（3）建材运输阶段能值计算

案例二办公建筑楼的基础运输量为 850.94 m³,按照概算定额标准,以消耗柴油定额为计算,单位柴油定额以 0.536 4 kg/m³ 计算。

柴油的能值转换率选取 6.58×10^4 sej/J。按照零号柴油的数据,1 L 柴油为 0.72 kg,每千克产生 9 600 kcal 热量,同时 1 kcal 等于 4.19 kJ,可计算出 1 L 柴油可以产生 2.896×10^4 J 能量;按照国际柴油的密度为 0.84 g/mL,0.84 kg 柴油可以产生 2.896×10^4 J 能量。

根据重型商用车辆燃料消耗量限值国家标准,以 25 t 卡车为计算车型,每 100 km 消耗 32.5 L 柴油,总的卡车运输距离约为 1 000 km。

总的运输能值量为:

$$E_{运输} = (850.94 \text{ m}^3 \times 0.536\,4 \text{ kg/m}^3)/0.84 \text{ kg} \times 2.896 \times 10^4 \text{ J} \times 6.58 \times$$

10^4 sej/J×500×1 000＝5.18×10^{17} sej

（4）建造施工阶段能值计算

表4-1-7为建筑施工设备明细表和对应的能值量表，共包含15种施工机械，具体明细见表中所示。

表4-1-7　案例建筑施工机械配备明细及对应能值计算

机械名称	型号规格	数量	额定功率/kW	施工部位	能值/sej
塔吊	QTZ4808	6	45	基础-主体	6.2×10^{17}
搅拌机	JS350	12	15	主体-装饰	2.07×10^{17}
砂浆机	HJ-200	28	2	主体-装饰	5.51×10^{16}
平板振动机	PZ-50	32	2.2	基础-装饰	3.03×10^{16}
插入式振动机	HZ-50A	25	1.1	基础-装饰	9.09×10^{16}
木工平刨	MQ112A	25	3	基础-装饰	4.13×10^{16}
木工压刨	MB106	25	7.5	基础-装饰	1.03×10^{17}
木工圆锯机	MJ104	30	3	基础-装饰	4.13×10^{16}
交流电焊机	BX3-500	30	32	基础-主体	4.41×10^{17}
电渣压力焊机	KDZ-500	30	45	基础-主体	1.86×10^{18}
对焊机	BX-126	25	100	基础-主体	1.38×10^{18}
手提式电焊机	BX-126	40	15	基础-主体	4.13×10^{17}
钢筋切断机	GJ5-40	35	5.5	基础-主体	7.58×10^{16}
钢筋弯曲机	GJT-40	45	2.8	基础-主体	3.86×10^{16}
离心泵	1/2B-17	18	2.2	基础-装饰	1.21×10^{17}

注：表中数据为真实性收集数据和计算数据，为保持真实性，不做统一的四舍五入。

从表4-1-7中可以清晰获得各个设备的能值量，按能值量大小依次排序为电渣压力焊机、对焊机、塔吊、交流电焊机、手提式电焊机、搅拌机、离心泵、木工压刨、插入式振动机、钢筋切断机、砂浆机、木工平刨、木工圆锯机、钢筋弯曲机、平板振动机。前三位的能值量为电渣压力焊机、对焊机和塔吊，15种施工机械的总能值量为5.52×10^{18} sej。

动力用电计算结果如下：

$$P_{动力电}＝1.05×(0.6×193÷0.75＋0.5×331)×0.7＝235.1(kW)$$

根据施工记录，照明占10%的用电量，故总用电量为258.6 kW。按照电力能

值转换率 2.1×10^5 sej/J,设备耗电总能值为 1.93×10^{14} sej。

（5）建筑运营阶段能值计算

按照我国建筑使用年限规定,公共建筑使用年限为 50 年。建筑楼单面积的能耗值为 110 kW·h/(m^2·a),建筑物总建筑面积为 11 582 m^2,计算建筑运营阶段的能值量为:

$$P_{运营} = 110 \times 11\ 582 \times 50 \times 3.6 \times 10^6 \times 2.1 \times 10^6 = 4.81 \times 10^{20} (\text{sej})$$

（6）建造拆除阶段能值计算

参考建筑拆除阶段碳排放占建材生产和建造阶段碳排放的估算比例,根据建筑拆除规范预估拆除能值占建造能值的 1%,拆除阶段的能值量为 5.52×10^{16} sej。

2. 建筑全生命周期可持续分析

表 4-1-8 为办公建筑楼全生命周期的能值计算值,分别包括可再生能源、建材生产、建材运输、建造施工、建筑运营以及建筑拆除等六个部分。

表 4-1-8　办公建筑案例二全生命周期能值计算

单位:sej

阶段	可再生能源	建材生产	建材运输	建造施工	建筑运营	建筑拆除
能值	7.68×10^{16}	1.72×10^{20}	5.18×10^{17}	5.52×10^{18}	4.81×10^{20}	5.52×10^{16}

注:表中数据为真实性收集数据和计算数据,为保持真实性,不做统一的四舍五入。

将运营阶段固定在一年的投入,对比各个阶段的能值投入,可以发现对整个办公建筑可持续影响最大的是建筑材料,其投入远远高于其他阶段,第二位的是建造阶段。以 50 年的能值量进行估计,运营阶段所占能值比重最大,其次是建筑材料的能值,后面依次为施工建造阶段、材料运输阶段和拆除阶段。

表 4-1-9 是基于建筑全生命周期的能值研究,最终的计算的结果显示建筑的环境负载率为 930,处于高压力值,能值产出率为 1.16,为中等水平,能值的可持续指标为 0.000 69,为不可持续状态,需要对整个建筑的全生命周期阶段进行优化,以提高建筑的可持续性。

表 4-1-9　案例二办公建筑楼可持续性能值指标评估

能值指标	代码	总能值
可更新能值	R	7.68×10^{16} sej
建筑材料能值	A1	1.72×10^{20} sej

能值指标	代码	总能值
材料运输能值	A2	5.18×10^{17} sej
建造过程能值	A3	5.52×10^{18} sej
运营阶段能值	A4	4.87×10^{20} sej
拆除阶段能值	A5	5.52×10^{16} sej
环境负载率	ELR	930
能值产生率	EYR	1.16
可持续发展指数	ESI	0.000 69

注:表中数据为真实性收集数据和计算数据,为保持真实性,不做统一的四舍五入。

3. 基于我国能值转换率的评估对比

以案例二办公建筑全生命周期能值量为基础,替代基于我国数据的水泥、钢材、混凝土、玻璃、砖、陶瓷等能值转换率后见表 4－1－10。从表 4－1－10 可知,基于我国数据的能值转换率的环境负载率为 1 286.11,国外数据计算为 1 487.62;从能值产生率的数据来看,分别为 7.286 7 和 8.515 7;能值可持续性指标评估参数为 0.006 6 和 0.004 9。从整体看,不论使用国外的能值转换率还是国内的能值转换率,逸夫楼的生态都处于高负荷状态,能值产生率低,建筑为不可持续状态。对比基于国外数据的能值转换率和我国数据的能值转换率计算结果,环境负载率、能值产生率和可持续发展指数造成的误差分别为 13.55%、16.87% 和 35.38%,说明基于我国实际情况的能值转换率计算是十分必要的。

表 4－1－10　办公建筑楼案例二可持续性能值指标评估

能值指标	代码	国外能值转换率条件	我国能值转换率条件
环境负载率	ELR	1 487.62	1 286.11
能值产生率	EYR	8.515 7	7.286 7
可持续发展指数	ESI	0.006 6	0.004 9

注:表中数据为真实性收集数据和计算数据,为保持真实性,不做统一的四舍五入。

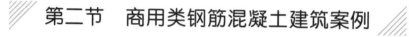

第二节 商用类钢筋混凝土建筑案例

一、商用类钢混建筑案例一

本商业建筑位于江苏南京某区,总建筑面积约为 215 932 m²,预算 20.6 亿元,总高度 25 层,包括 4 层商业裙楼。总体结构为钢筋混凝土框架结构,具体数据见附录 A。

1. 能值指标群

表 4-2-1 为商用类混凝土建筑的定量计算指标,共有 16 项,其中最后的 3 项环境负载率、能值产生率和可持续发展指数是最关键的 3 项指标。

表 4-2-1 商用建筑可持续性能值指标评估

能值指标	代码	含义
可更新资源能值	R	自有的可持续性资源
不可更新能值	N	不可更新的资源
外界输入能值	F	外界净输入能值
总能值使用量	U	建筑总的固有能值量
建材生产能值	A1	建材生产阶段能值
建材运输能值	A2	建材运输阶段能值
建造施工能值	A3	建造施工阶段能值
建筑运营能值	A4	建筑运行阶段能值
建造拆除能值	A5	建造拆除阶段能值
能值总输入量	I	输入建筑的总能值量
人均能值强度	U/P	单个人的能值量
单位货币能值	U/M	单位货币的能值量
能值密度	U/S	单位面积的能值量
环境负载率	ELR	系统对环境影响指标
能值产生率	EYR	系统能值净产出量
可持续发展指数	ESI	建筑可持续发展能力

2. 全生命周期的能值计算

（1）商业建筑定额数据处理

① 土建部分的数据分析

根据该商业建筑的土建基础数据,对 11 个分项工程数据进行了排序,排序的基础是在整个商业建筑中各项的开销比例,图 4 - 2 - 1 清楚地给出了主要数据分项,按照重要性的排序分别是钢筋混凝土工程（55.18%）、装饰工程（11.13%）、楼地面工程（9.97%）、门窗工程（6.73%）、脚手架及垂直运输工程（6.63%）、砖石工程（4.71%）、土石方工程（3.49%）、防腐保温及防水工程（1.33%）、机械安拆费及场运费（0.38%）、屋面工程（0.32%）和金属结构工程（0.13%）等,具体见图 4 - 2 - 1。

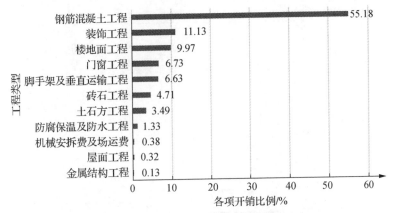

图 4 - 2 - 1　商用建筑土建部分数据分析

按照更细的定额分布,其中占比超过 1% 的各项开支均进行了数据统计,见图 4 - 2 - 2。

② 电气部分的数据分析

按照电气部分的费用,所有超过 1% 的开支项数据均进行了排序,排在前两位的是砖、混凝土结构暗配钢管,分别占比为 12.9% 和 12.2%。具体见图 4 - 2 - 3。

③ 给排水部分的数据分析

给排水部分数据共有 12 项的预算超过了 1%,具体见图 4 - 2 - 4,其中最大的支出是各类管道和接口,如最大的软管接口占到了 29.57%。

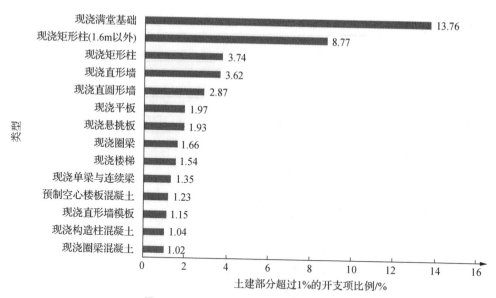

图 4-2-2　商用建筑土建部分数据选取

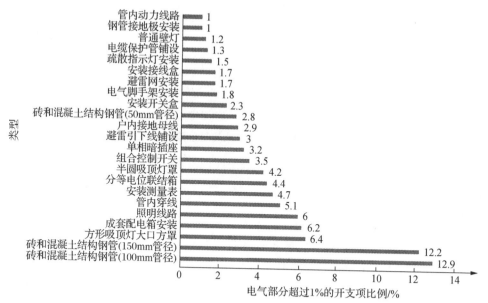

图 4-2-3　商用建筑电气部分数据选取

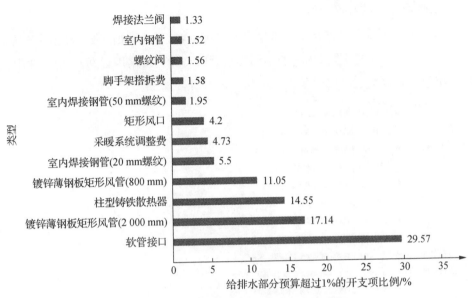

图 4-2-4　商用建筑给排水部分数据选取

④ 弱电部分的数据分析

弱电部分的数据较少,其中砖、混凝土结构暗配钢管最重要,占比 69.4%,具体见图 4-2-5。

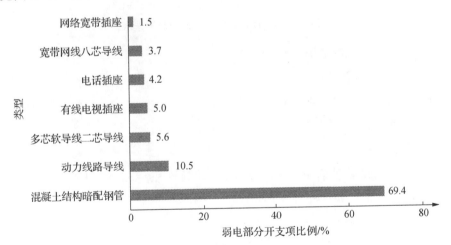

图 4-2-5　商用建筑弱电部分数据选取

⑤ 暖通部分的数据分析

图 4-2-6 是商用建筑暖通部分的数据选取,共有 15 项的数据超过了 2% 的预算投入,前三位分别是室内承插塑料排水管(15.28%)、聚丙烯塑料管(9.35%)、湿式报警装置安装(5.95%)等。

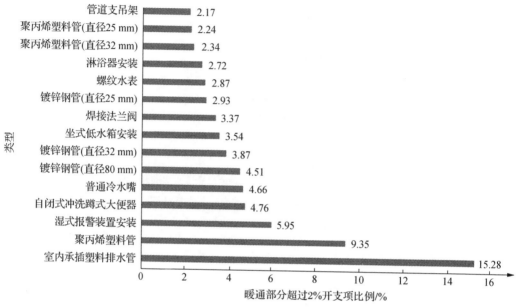

图 4-2-6　商用建筑暖通部分数据选取

(2) 可再生能源的能值计算

① 太阳能值计算

Ⅰ. 建筑面积=215 932 m²

Ⅱ. 光照射率=5×10⁹～5.85×10⁹ J/(m²·a)

Ⅲ. 反射率=0.3

Ⅳ. 能量=光照射率×(1-反射率)×建筑面积=5.43×10⁹ J/(m²·a)×(1-0.3)×215 932 m²=8.21×10¹⁴ J/a

Ⅴ. 能值转换率=1 sej/J

Ⅵ. 太阳能值量=8.21×10¹⁴ J/a×50 a×1 sej/J=4.1×10¹⁶ sej

② 雨水势能能值计算

Ⅰ. 建筑面积=215 932 m²

Ⅱ. 平均降雨量=0.68 m/a;平均海拔高度=316 m

Ⅲ. 水密度＝1×10^3 kg/m³

Ⅳ. 径流率＝40％

Ⅴ. 能量＝建筑面积×平均降雨量×径流率×水密度×平均海拔高度×重力加速度＝215 932 m²×0.68 m/a×40％×1×10^3 kg/m³×316 m×9.8 m/s²＝1.9×10^{11} J/a

Ⅵ. 能值转换率＝2.79×10^4 sej/J

Ⅶ. 雨水势能能值量＝1.9×10^{11} J/a×50 a×2.79×10^4 sej/J＝2.65×10^{17} sej

③ 雨水化学能能值计算

Ⅰ. 建筑面积＝215 932 m²

Ⅱ. 平均降雨量＝0.71 m/a

Ⅲ. 水密度＝1×10^3 kg/m³

Ⅳ. 蒸散率＝60％

Ⅴ. 水的吉布斯自由能＝4.94×10^3 J/kg

Ⅵ. 能量＝建筑面积×平均降雨量×蒸散率×水密度×吉布斯自由能＝215 932 m²×0.71 m/a×1×10^3 kg/m³×60％×4.94×10^3 J/kg＝4.54×10^{11}J/a

Ⅶ. 能值转换率＝18 199 sej/J

Ⅷ. 雨水化学能能值量＝4.54×10^{11} J/a×50 a×18 199 sej/J＝4.13×10^{17} sej

④ 风能能值计算

Ⅰ. 建筑面积＝215 932 m²

Ⅱ. 空气密度＝1.29 kg/m³

Ⅲ. 自转风速＝3.17 m/s

Ⅳ. 阻力系数＝0.001

Ⅴ. 能量＝建筑面积×空气密度×阻力系数×自转风速的三次方×3.15×10^7 s/a＝215 932 m²×1.29 kg/m³×1×10^{-3}×$(3.17\ \text{m/s})^3$×3.15×10^7 s/a＝2.8×10^{11} J/a

Ⅵ. 能值转换率＝1 496 sej/J

Ⅶ. 风能能值量＝2.8×10^{11} J/a×50 a×1 496 sej/J＝2.09×10^{16} sej

⑤ 地热能能值计算

Ⅰ. 建筑面积＝215 932 m²

Ⅱ. 热流＝3.50×10^{-2} J/(m²·s)，能量＝建筑面积×热流×3.15×10^7 s/a＝

215 932 m² $\times 3.50 \times 10^{-2}$ J/(m²·s) $\times 3.15 \times 10^7$ s/a = 2.38×10^{11} J/a

Ⅲ. 能值转换率 = 34 377 sej/J

Ⅳ. 地热能能值量 = 2.38×10^{11} J/a $\times 50$ a $\times 34\,377$ sej/J = 4.09×10^{17} sej

⑥ 总可再生能值 = $4.1 \times 10^{16} + 2.65 \times 10^{17} + 4.13 \times 10^{17} + 2.09 \times 10^{16} + 4.09 \times 10^{17}$ sej = 1.15×10^{18} sej

（3）建材生产阶段能值计算

表 4-2-2 和表 4-2-3 结果显示，在整个评估系统中，水泥、混凝土、钢材、砖、建筑玻璃是整个商用建筑的主要构成材料。当用国外的能值转换率计算时，占比分别为 16.27%、47.9%、13.2%、5.55%、6.37%；当采用本书计算出的基于我国数据的能值转换率时，占比变化为 14.85%、14.25%、47.24%、8.44%、5.39%，分别见图 4-2-7 和图 4-2-8。

表 4-2-2　商用建筑主要建材能值计算（国外转换率）

名称	建材用量	能值转换率/(sej/unit)	单因素能值/sej
水泥	55 076 600 kg	2.59×10^{12}	3.9×10^{20}
钢材	16 493 270 kg	6.97×10^{12}	1.15×10^{21}
铝合金	6 133.2 kg	1.27×10^{13}	7.79×10^{16}
铜	1 389.9 kg	6.77×10^{13}	9.41×10^{16}
混凝土	175 339 200 kg	1.81×10^{12}	3.17×10^{20}
砖	528 879 kg	2.52×10^{12}	1.33×10^{20}
碎石	3 780 121 kg	1×10^{12}	3.78×10^{19}
石材	4 402 653 kg	1×10^{12}	4.4×10^{19}
石灰	3 522 191 kg	1.69×10^{12}	5.95×10^{19}
瓷砖	533 221 kg	2.52×10^{12}	1.34×10^{19}
涂料	253 651.9 kg	1.52×10^{13}	3.86×10^{19}
玻璃	794 232 kg	7.87×10^{12}	6.25×10^{20}
木材	783 492.5 kg	8.79×10^{11}	6.89×10^{18}
有机材料	264 691.1 kg	6.88×10^{12}	1.82×10^{18}
循环水	5 507 660 m³	3.4×10^{12}	5.13×10^{19}

注：表中数据为真实性统计数据和计算数据，为了保持计算精度，不做统一的四舍五入。

表 4-2-3 商用建筑主要建材能值计算(国内转换率)

名称	建材用量	能值转换率/(sej/unit)	单因素能值/sej
水泥	55 076 600 kg	2.56×10^{12}	3.94×10^{20}
钢材	16 493 270 kg	2.29×10^{12}	3.78×10^{20}
铝合金	6 133.2 kg	1.27×10^{13}	7.79×10^{16}
铜	1 389.9 kg	6.77×10^{13}	9.41×10^{16}
混凝土	175 339 200 kg	7.14×10^{12}	1.25×10^{21}
砖	528 879 kg	4.23×10^{12}	2.24×10^{20}
碎石	3 780 121 kg	1×10^{12}	3.78×10^{19}
石材	4 402 653 kg	1×10^{12}	4.4×10^{19}
石灰	3 522 191 kg	1.69×10^{12}	5.95×10^{19}
瓷砖	533 221 kg	4.01×10^{12}	2.19×10^{19}
涂料	253 651.9 kg	1.52×10^{13}	3.86×10^{19}
玻璃	794 232 kg	1.8×10^{12}	1.43×10^{20}
木材	783 492.5 kg	8.79×10^{11}	6.89×10^{18}
有机材料	264 691.1 kg	6.88×10^{12}	1.82×10^{18}
循环水	5 507 660 m³	3.4×10^{12}	5.13×10^{19}

注:表中数据为真实性统计数据和计算数据,为了保持计算精度,不做统一的四舍五入。

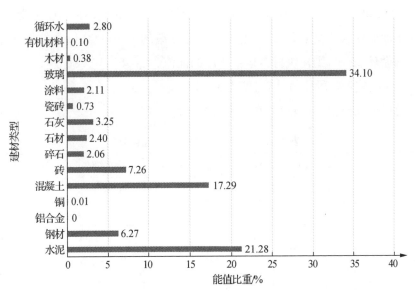

图 4-2-7 国外能值转换率计算

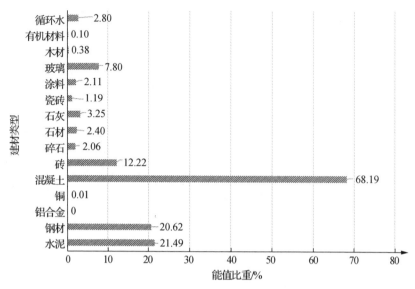

图 4 - 2 - 8　我国能值转换率计算

（4）建材运输阶段能值计算

建筑材料运输阶段以柴油数据计算，根据重型商用车辆燃料消耗量国家标准，以 25 t 卡车为计算车型，每 100 km 的柴油量消耗 32.5 L。柴油的能值转换率选取 6.58×10^4 sej/J。按照零号柴油的数据，1 L 柴油为 0.72 kg，产生 9 600 kcal 热量，同时 1 kcal 等于 4.19 kJ，可计算出 1 L 柴油可以产生 2.896×10^4 J 能量。

基于商业建筑的交通数据，总的卡车运输距离约为 10 000 km，车辆 50 辆，每辆车平均循环 29 次，则建筑材料运输阶段的能值为 1.25×10^{19} sej。

（5）建造施工阶段能值计算（见表 4 - 2 - 4）

因总的燃油能值占比较小，本文不进行考虑。

表 4 - 2 - 4　商用建筑施工能值计算

机械名称	型号规格	数量	额定功率(kW)	施工部位	单个能值(sej)
塔吊	QTZ4808	15	45	基础-主体	5.1×10^{18}
搅拌机	JS350	20	15	主体-装饰	2.27×10^{18}
砂浆机	HJ-200	40	2	主体-装饰	6.05×10^{17}
平板振动机	PZ-50	45	2.2	基础-装饰	7.48×10^{17}
插入式振动机	HZ-50A	50	1.1	基础-装饰	4.16×10^{17}

机械名称	型号规格	数量	额定功率(kW)	施工部位	单个能值(sej)
木工平刨	MQ112A	50	3	基础-装饰	1.13×10^{18}
木工压刨	MB106	50	7.5	基础-装饰	2.84×10^{18}
木工圆锯机	MJ104	50	3	基础-装饰	1.13×10^{18}
交流电焊机	BX3-500	30	32	基础-主体	7.26×10^{18}
电渣压力焊机	KDZ-500	30	45	基础-主体	1.02×10^{19}
对焊机	BX-126	30	100	基础-主体	2.27×10^{19}
手提式电焊机	BX-126	30	15	基础-主体	3.40×10^{18}
钢筋切断机	GJ5-40	45	5.5	基础-主体	1.87×10^{18}
钢筋弯曲机	GJT-40	45	2.8	基础-主体	9.53×10^{17}
离心泵	1/2B-17	25	2.2	基础-装饰	4.16×10^{17}

注：表中数据为真实性统计数据和计算数据，为了保持计算精度，不做统一的四舍五入。

除了设备的能值之外，人工能值计算根据我国建筑工人的效率进行，商用建筑人工费取值为 8×10^7 元，能值转换率为 7.42×10^{12} sej/元，人工能值为 5.94×10^{20} sej。商用建筑建造阶段的总能值为 6.55×10^{20} sej。

（6）建筑运营阶段能值计算

按照我国建筑使用年限规定，作为商用建筑楼，设计使用年限为 50 年。根据商用建筑所属的我国气候分区为夏热冬冷区，综合考虑后获得商用建筑楼单面积的能耗值为 125 kW·h/(m²·a)，建筑物总建筑面积为 215 932 m²，计算建筑运营一年能值为 2.04×10^{19} sej，运营 50 年的能值为 1.02×10^{22} sej。

（7）建造拆除阶段能值计算

参考建筑拆除阶段碳排放量占建造阶段碳排放量的比例估算，拆除阶段能值比例约为 1%，故拆除阶段的能值量为 6.55×10^{18} sej。

3. 建筑全生命周期的可持续性评估

表 4－2－5 为商用建筑楼全生命周期的能值计算值，分别包括可再生能源、建材生产、建材运输、建造施工、建筑运营以及建筑拆除等 6 个阶段。在运营 1 年内，建材生产阶段是最大的能值，占比为 77.94%，居第二位的是建造阶段，为19.26%；其他依次为建筑拆除能值 1.93%，建筑运营能值 0.6%，建材运输能值0.37%。当以运营 50 年为例，最大的能值输入量为建筑运营阶段，第二位为建材生

产能值;其他依次为建造施工能值、建筑拆除阶段、建材运输能值。随着建筑运营能值的增加,其他四个阶段的能值占比均出现变小趋势。作为可再生能源的输入,不论是建筑运营 1 年还是 50 年,占比较小,可以忽略不计。

表 4-2-5　商业类建筑案例一全生命周期能值量计算　　　　单位:sej

阶段		可再生资源	建材生产	建材运输	建造施工	建筑运营	建筑拆除
能值	1 年	1.15×10^{18}	2.65×10^{21}	1.25×10^{19}	6.55×10^{20}	2.04×10^{19}	6.55×10^{19}
	50 年	1.15×10^{18}	2.65×10^{21}	1.25×10^{19}	6.55×10^{20}	1.02×10^{22}	6.55×10^{19}

注:表中数据为真实性统计数据和计算数据,为了保持计算精度,不做统一的四舍五入。

表 4-2-6 为建筑全生命周期能值计算结果,最终结果显示建筑的环境负载率为 2 956.52,处于高压力值;能值产生率为 0.33,为低水平状态;能值的可持续发展指数为 0.000 11,为不可持续状态,需要对整个建筑的全生命周期阶段进行优化,以提高建筑的可持续性。同时,相对于办公类建筑案例来说,商用类建筑的环境负担更大,能值产生率更低,造成商用建筑案例的可持续状态比办公类建筑案例更差。

表 4-2-6　商用建筑楼可持续性能值指标评估

能值指标	代码	总能值
可更新能值	R	1.15×10^{18} sej
不可更新能值	N	2.66×10^{21} sej
建材生产能值	A1	2.65×10^{21} sej
建材运输能值	A2	1.25×10^{19} sej
建造施工能值	A3	6.55×10^{20} sej
建筑运营能值	A4	2.04×10^{19} sej
建筑拆除能值	A5	6.55×10^{19} sej
能值总输入量	I	3.4×10^{21} sej
环境负载率	ELR	2 956.52
能值产生率	EYR	0.33
可持续发展指数	ESI	0.000 11

注:表中数据为真实性统计数据和计算数据,为了保持计算精度,不做统一的四舍五入。

4. 基于我国能值转换率的评估分析

对比国外能值转换率和我国能值转换率计算的结果(见表 4-2-7),我国能值转换率计算结果小于国外数据,环境负载率国外高于国内的计算结果,净能值产生率国内计算高于国外,最重要的可持续发展指数,国内优于国外。和可持续发展指数结果类似,人均能值强度、单位货币能值和能值密度的国外和国内计算结果普遍为国外大于国内。

表 4-2-7 商用建筑楼可持续性能值指标对比评估

编号	能值指标	代码	国外能值转换率能值	我国能值转换率能值
1	可更新能值	R	1.15×10^{18} sej	1.15×10^{18} sej
2	不可更新能值	N	3.56×10^{21} sej	3.34×10^{21} sej
3	外界输入能值	F	3.56×10^{21} sej	3.34×10^{21} sej
4	总能值使用量	U	3.62×10^{21} sej	3.4×10^{21} sej
5	能值总输入量	I	3.62×10^{21} sej	3.4×10^{21} sej
6	人均能值强度	U/P	7.24×10^{17} sej/人	6.8×10^{17} sej/人
7	单位货币能值	U/M	1.39×10^{12} sej/美元	1.31×10^{12} sej/美元
8	能值密度	U/S	1.68×10^{16} sej/m²	1.57×10^{16} sej/m²
9	环境负载率	ELR	3 147.82	2 956.52
10	能值产生率	EYR	0.31	0.33
11	可持续发展指数	ESI	0.000 1	0.000 11

注:表中数据为真实性统计数据和计算数据,为了保持计算精度,不做统一的四舍五入。

图 4-2-9 清晰比较了基于国内和国外数据能值转换率的评估结果。对比基于国外数据的能值转换率和我国数据的能值转换率计算结果,负载率高,产生率

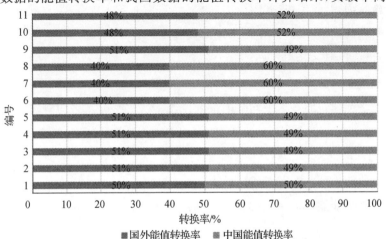

图 4-2-9 商用建筑国内和国外的能值转换率计算结果对比

低,可持续指标低。环境负载率、能值产生率和可持续性指标依次造成的误差为6.47%、6.18%和9.09%,说明对于商用混凝土建筑来说,基于我国实际情况的能值转换率计算也是必要的。

二、商业类钢混建筑案例二

本商业建筑位于江苏南京江宁区经济开发区,总建筑面积约为 10 498 m²,总高度 16 层,四层裙楼均为商业楼层,其余高层为酒店。该商业建筑为 2017 年设计建造,总体结构为钢筋混凝土框架结构。

1. 全生命周期的能值计算

(1) 可再生能源的能值计算

① 太阳能值计算

Ⅰ. 建筑面积＝10 498 m²

Ⅱ. 光照射率＝$5×10^9 \sim 5.85×10^9$ J/(m² · a)

Ⅲ. 反射率＝0.3

Ⅳ. 能量＝光照射率×(1－反射率)×建筑面积＝$5.43×10^9$ J/(m² · a)×$(1-0.3)×10 498$ m²＝$3.99×10^{13}$ J/a

Ⅴ. 能值转换率＝1 sej/J

Ⅵ. 太阳能值量＝$3.99×10^{13}$ J/a×50 a×1 sej/J＝$1.99×10^{15}$ sej

② 雨水势能能值计算

Ⅰ. 建筑面积＝10 498 m²

Ⅱ. 平均降雨量＝0.71 m/a;平均海拔高度＝316 m

Ⅲ. 水密度＝$1×10^3$ kg/m³

Ⅳ. 径流率＝40%

Ⅴ. 能量＝建筑面积×平均降雨量×径流率×水密度×平均海拔高度×重力加速度＝10 498 m²×0.71 m/a×40%×$1×10^3$ kg/m³×316 m×9.8 m/s²＝$9.23×10^9$ J/a

Ⅵ. 能值转换率＝$2.79×10^4$ sej/J

Ⅶ. 雨水势能能值量＝$9.23×10^9$ J/a×50 a×$2.79×10^4$ sej/J＝$1.3×10^{16}$ sej

③ 雨水化学能能值计算

Ⅰ. 建筑面积＝10 498 m²

Ⅱ. 平均降雨量＝0.71 m/a

Ⅲ. 水密度＝1×10³ kg/m³

Ⅳ. 蒸散率＝60%

Ⅴ. 水的吉布斯自由能＝4.94×10³ J/kg

Ⅵ. 能量＝建筑面积×平均降雨量×蒸散率×水密度×吉布斯自由能＝10 498 m²×0.71 m/a×1×10³ kg/m³×60%×4.94×10³ J/kg＝2.21×10¹⁰ J/a

Ⅶ. 能值转换率＝18 199 sej/J

Ⅷ. 雨水化学能能值量＝2.21×10¹⁰ J/a×50 a×18 199 sej/J＝2.01×10¹⁶ sej

④ 风能能值计算

Ⅰ. 建筑面积＝10 498 m²

Ⅱ. 空气密度＝1.29 kg/m³

Ⅲ. 自转风速＝3.17 m/s

Ⅳ. 阻力系数＝0.001

Ⅴ. 能量＝建筑面积×空气密度×阻力系数×自转风速的三次方×3.15×10⁷ s/a＝10 498 m²×1.29 kg/m³×1×10⁻³×(3.17 m/s)³×3.15×10⁷ s/a＝1.36×10¹⁰ J/a

Ⅵ. 能值转换率＝1 496 sej/J

Ⅶ. 风能能值量＝1.38×10¹⁰ J/a×50 a×1 496 sej/J＝1.01×10¹⁵ sej

⑤ 地热能能值计算

Ⅰ. 建筑面积＝10 498 m²

Ⅱ. 热流＝3.50×10⁻² J/(m²·s)

Ⅲ. 能量＝建筑面积×热流×3.15×10⁷ s/a＝10 498 m²×3.50×10⁻² J/(m²·s)×3.15×10⁷ s/a＝1.16×10¹⁰ J/a

Ⅳ. 能值转换率＝34 377 sej/J

Ⅴ. 地热能能值量＝1.16×10¹⁰ J/a×50 a×34 377 sej/J＝1.99×10¹⁶ sej

（2）建材生产阶段能值计算

表4-2-8为第二个商业建筑案例的15种主要建筑材料,包括建材用量和对应的能值量。建筑材料的能值量依大小排序为水泥、钢材、混凝土、石材、碎石、瓷

砖、石灰、涂料、玻璃、砖、有机材料、循环水、铝合金、铜、木材。单从总用量来看,前三位用量最多的是混凝土、水泥和钢材;从能值角度评估,用量排序依次是混凝土、水泥和钢材。

表 4-2-8 案例二商业建筑楼主要建材用量统计与能值计算

类型	建材用量	能值转换率/(sej/U)	单因素能值/sej
水泥	2.98×10^7 kg	2.59×10^{12}	7.71×10^{19}
钢	9.08×10^6 kg	6.97×10^{12}	6.33×10^{19}
铝合金	733 kg	1.27×10^{13}	9.28×10^{15}
铜	128 kg	6.77×10^{13}	8.65×10^{15}
混凝土	7.82×10^6 kg	1.81×10^{12}	1.42×10^{19}
砖	1.48×10^4 kg	2.52×10^{12}	3.73×10^{16}
碎石	2.41×10^5 kg	1×10^{12}	2.41×10^{17}
石材	2.76×10^5 kg	1×10^{12}	2.76×10^{17}
石灰	7.63×10^4 kg	1.69×10^{12}	1.29×10^{17}
瓷砖	1.48×10^5 kg	2.52×10^{12}	3.74×10^{17}
涂料	4.04×10^4 kg	1.52×10^{13}	6.14×10^{17}
玻璃	3.04×10^4 kg	7.87×10^{12}	2.39×10^{17}
木材	75.8 m³	8.79×10^{11}	6.64×10^{13}
有机材料	1.08×10^4 kg	6.88×10^{12}	7.46×10^{16}
循环水	919 m³	3.4×10^{12}	3.13×10^{15}

注:表中数据为宏观和微观数据综合性计算表格,为了保持计算的准确性,不做统一的四舍五入。

(3)建材运输阶段能值计算

案例二商用建筑楼的基础运输量为 757.34 m³,按照概算定额标准,以消耗柴油定额为计算,单位柴油定额以 0.536 4 kg/m³ 计算。柴油的能值转换率选取 6.58×10^4 sej/J。按照零号柴油的数据,1 L 柴油为 0.72 kg,产生 9 600 kcal 热量,可计算出 1 L 柴油产生 2.899×10^4 J 能量;按照国际柴油每升密度为 0.84 g/mL,0.84 kg 柴油可以产生 2.899×10^4 J 能量。根据重型商用车辆燃料消耗量限值国家标准,以 25 t 卡车为计算车型,每 100 km 的柴油量消耗 32.5 L,总的卡车运输距离约为 1 000 km。计算总的运输能值量 4.61×10^{17} sej。

（4）建造施工阶段能值计算

表 4-2-9 为建筑施工设备明细表和对应的能值量表，共包含 15 种施工机械。按能值量大小排序为电渣压力焊机、对焊机、塔吊、交流电焊机、手提式电焊机、搅拌机、离心泵、木工压刨、插入式振动机、钢筋切断机、砂浆机、木工平刨、木工圆锯机、钢筋弯曲机、平板振动机。前三位的能值量为电渣压力焊机、对焊机和塔吊。除了设备能值之外，人工能值计算根据我国建筑工人的效率进行，商用建筑人工费取值为 1.8×10^7 元，能值转换率为 7.42×10^{12} sej/元，则人工能值为 1.33×10^{20} sej。

表 4-2-9　案例建筑施工机械配备明细及对应能值计算

机械名称	型号规格	额定功率/kW	施工部位	单个能值/sej
塔吊	QTZ4808	45	基础-主体	5.46×10^{17}
搅拌机	JS350	15	主体-装饰	1.82×10^{17}
砂浆机	HJ-200	2	主体-装饰	4.85×10^{16}
平板振动机	PZ-50	2.2	基础-装饰	2.67×10^{16}
插入式振动机	HZ-50A	1.1	基础-装饰	8×10^{16}
木工平刨	MQ112A	3	基础-装饰	3.63×10^{16}
木工压刨	MB106	7.5	基础-装饰	9.06×10^{16}
木工圆锯机	MJ104	3	基础-装饰	3.63×10^{16}
交流电焊机	BX3-500	32	基础-主体	3.88×10^{17}
电渣压力焊机	KDZ-500	45	基础-主体	1.64×10^{18}
对焊机	BX-126	100	基础-主体	1.21×10^{18}
手提式电焊机	BX-126	15	基础-主体	3.63×10^{17}
钢筋切断机	GJ5-40	5.5	基础-主体	6.67×10^{16}
钢筋弯曲机	GJT-40	2.8	基础-主体	3.4×10^{16}
离心泵	1/2B-17	2.2	基础-装饰	1.06×10^{17}

注：表中数据为宏观和微观数据综合性计算表格，为了保持计算的准确性，不做统一的四舍五入。

（5）建筑运营阶段能值计算

按照我国建筑使用年限规定，根据南京所属的我国气候分区为夏热冬冷区，综合考虑后获得建筑单面积的能耗值为 110 kW·h/(m²·a)，建筑物总建筑面积为 10 498 m²，计算建筑运营阶段的能值量为 4.39×10^{20} sej。

（6）建造拆除阶段能值计算

参考建筑拆除阶段碳排放占建材生产和建造阶段碳排放的估算比例，根据建筑拆除规范预估拆除能值占建造能值的1%，故建造拆除阶段的能值为 4.86×10^{16} sej。

2. 建筑全生命周期可持续分析

表4－2－10为商用建筑全生命周期的能值计算值，分别为可再生能源、建材生产、建材运输、建造施工、建筑运营以及建筑拆除等阶段。将运营阶段固定在一年的投入，对比各个阶段的能值量，可以发现对整个商业建筑可持续影响最大的是建筑材料，其投入远远高于其他阶段，第二位是建造阶段。按照建筑寿命五十年计算，运营阶段所占比重最大，其次是建筑材料本身的能值，后面依次为施工建造阶段、材料运输阶段和拆除阶段。可再生资源的能值比重最小，可以忽略不计。

表4－2－10　案例二商用建筑全生命周期能值计算　　　　　单位：sej

阶段		可再生能源	建材生产	建材运输	建造施工	建筑运营	建筑拆除
能值	1 年	5.34×10^{16}	1.57×10^{20}	4.61×10^{17}	1.33×10^{20}	8.78×10^{18}	4.86×10^{16}
	50 年	5.34×10^{16}	1.57×10^{20}	4.61×10^{17}	1.33×10^{20}	4.39×10^{20}	4.86×10^{16}

注：表中数据为宏观和微观数据综合性计算表格，为了保持计算的准确性，不做统一的四舍五入。

3. 基于我国能值转换率的评估对比

以案例二商用建筑全生命周期能值量为计算基础，表4－2－11为最终的能值评估结果。从表4－2－11可知，基于我国数据的能值转换率的环境负载率为1 436.14，国外数据计算为1 156.21。从能值产生率的数据来看，分别为7.66和7.03。能值可持续性指标评估参数为0.005 9和0.004 7。从整体看，不论使用国外的能值转换率还是国内的能值转换率，第二个商用建筑案例的生态都处于高负荷状态，能值产生率低，导致为不可持续状态。对比基于国外数据的能值转换率和我国数据的能值转换率计算结果，环境负载率、能值产生率和可持续发展指数造成的误差分别为19.49%、8.82%和26.09%，说明基于我国实际情况的能值转换率计算是十分必要的。

表4－2－11　案例二商用建筑可持续性能值指标评估

能值指标	代码	国外能值转换率	我国能值转换率
环境负载率	ELR	1 156.21	1 436.14

能值指标	代码	国外能值转换率	我国能值转换率
能值产生率	EYR	7.66	7.03
可持续发展指数	ESI	0.005 9	0.004 7

注:表中数据为宏观和微观数据综合性计算表格,为了保持计算的准确性,不做统一的四舍五入。

第三节　住宅类钢筋混凝土建筑案例

一、住宅类钢混建筑案例一

此住宅建筑位于南京市某新建住宅区,总建筑面积约为 292 546 m²,预算 17.3 亿元,建筑高度 31 层,共有 8 栋建筑群。总体结构为钢筋混凝土框架结构,具体数据见附录 B。

1. 全生命周期的能值计算

(1) 可再生能源的能值计算

① 太阳能值计算

Ⅰ. 建筑面积＝292 546 m²

Ⅱ. 光照射率＝$5 \times 10^9 \sim 5.85 \times 10^9$ J/(m²・a)

Ⅲ. 反射率＝0.3

Ⅳ. 能量＝光照射率×(1－反射率)×建筑面积＝5.43×10^9 J/(m²・a)×(1－0.3)×292 546 m²＝1.11×10^{15} J/a

Ⅴ. 能值转换率＝1 sej/J

Ⅵ. 太阳能值量＝1.11×10^{15} J/a×50 a×1.00 sej/J＝5.56×10^{16} sej

② 雨水势能能值计算

Ⅰ. 建筑面积＝292 546 m²

Ⅱ. 平均降雨量＝0.71 m/a;平均海拔高度＝316 m

Ⅲ. 水密度＝1×10^3 kg/m³

Ⅳ. 径流率＝40%

Ⅴ. 能量＝建筑面积×平均降雨量×径流率×水密度×平均海拔高度×重力加

速度＝292 546 m²×0.71 m/a×40％×1.00×10³ kg/m³×316 m×9.8 m/s²＝2.58×10¹¹ J/a

Ⅵ. 能值转换率＝2.79×10⁴ sej/J

Ⅶ. 雨水势能能值量＝2.58×10¹¹ J/a×50 a×2.79×10⁴ sej/J＝3.6×10¹⁷ sej

③ 雨水化学能能值计算

Ⅰ. 建筑面积＝292 546 m²

Ⅱ. 平均降雨量＝0.71 m/a

Ⅲ. 水密度＝1×10³ kg/m³

Ⅳ. 蒸散率＝60％

Ⅴ. 水的吉布斯自由能＝4.94×10³ J/kg

Ⅵ. 能量＝建筑面积×平均降雨量×蒸散率×水密度×吉布斯自由能＝292 546 m²×0.71 m/a×1×10³ kg/m³×60％×4.94×10³ J/kg＝6.12×10¹¹ J/a

Ⅶ. 能值转换率＝18 199 sej/J

Ⅷ. 雨水化学能能值量＝6.12×10¹¹ J/a×50 a×18 199 sej/J＝5.57×10¹⁷ sej

④ 风能能值计算

Ⅰ. 建筑面积＝292 546 m²

Ⅱ. 空气密度＝1.29 kg/m³

Ⅲ. 自转风速＝3.17 m/s

Ⅳ. 阻力系数＝0.001

Ⅴ. 能量＝建筑面积×空气密度×阻力系数×自转风速的三次方×3.15×10⁷ s/a＝292 546 m²×1.29 kg/m³×1×10⁻³×(3.17 m/s)³×3.15×10⁷ s/a＝3.8×10¹¹ J/a

Ⅵ. 能值转换率＝1 496 sej/J

Ⅶ. 风能能值量＝3.8×10¹¹ J/a×50 a×1 496 sej/J＝2.84×10¹⁶ sej

⑤ 地热能能值计算

Ⅰ. 建筑面积＝292 546 m²

Ⅱ. 能量＝建筑面积×热流＝292 546 m²×3.50×10⁻² J/(m²·s)×3.15×10⁷ s/a＝3.23×10¹¹ J/a

Ⅲ. 能值转换率＝34 377 sej/J

Ⅳ. 地热能能值量＝3.23×10¹¹ J/a×50 a×34 377 sej/J＝5.55×10¹⁷ sej

⑥ 总可再生能值=$5.56\times10^{16}+3.6\times10^{17}+5.57\times10^{17}+2.84\times10^{16}+5.55\times10^{17}$ sej=1.56×10^{18} sej

（2）建材生产阶段能值计算

表 4-3-1 列出的结果显示,在整个评估系统中,混凝土、水泥、钢材是整个住宅类建筑的主要构成材料,当用采用国内的能值转换率计算时,占比分别为 60%、22%、16%。

表 4-3-1 住宅类建筑主要建材能值计算

类型	用量	能值转换率/(sej/U)	单因素能值/sej
水泥	2.92×10^{8} kg	2.56×10^{12}	7.72×10^{20}
钢	2.38×10^{8} kg	2.29×10^{12}	5.53×10^{20}
铝合金	6.54×10^{3} kg	1.27×10^{13}	8.4×10^{16}
铜	1.45×10^{3} kg	6.77×10^{13}	9.97×10^{16}
混凝土	2.85×10^{8} kg	7.14×10^{12}	2.06×10^{21}
砖	7.84×10^{5} kg	4.23×10^{12}	3.36×10^{18}
碎石	3.43×10^{6} kg	1×10^{12}	3.47×10^{18}
石材	4.49×10^{6} kg	1×10^{12}	4.54×10^{18}
石灰	3.34×10^{6} kg	1.69×10^{12}	5.71×10^{18}
瓷砖	5.19×10^{5} kg	4.01×10^{12}	2.15×10^{18}
涂料	2.46×10^{5} kg	1.52×10^{13}	3.79×10^{18}
玻璃	7.74×10^{6} kg	1.8×10^{12}	1.41×10^{19}
木材	8.27×10^{5} kg	8.79×10^{11}	7.35×10^{17}
有机材料	3.78×10^{5} kg	6.88×10^{12}	2.63×10^{18}
循环水	6.78×10^{6} m³	3.4×10^{12}	2.33×10^{19}

注:表中数据为真实性收集数据和计算数据,保持了微观数据和宏观数据的特征,为了保持计算的准确性,不做统一的四舍五入。

（3）建材运输阶段能值计算

建筑材料运输阶段以柴油数据计算,根据重型商用车辆燃料消耗量限值国家标准,以 25 t 卡车为计算车型,每 100 km 的柴油量消耗 32.5 L。柴油的能值转换率选取 6.58×10^{4} sej/J。按照零号柴油的数据,1 升柴油为 0.72 kg,产生 9 600 kcal 热量,可计算出 1 L 柴油可以产生 2.899×10^{4} J。此住宅建筑卡车运输距离约为 13 000 km,运营车辆 50 辆,则建筑材料运输阶段的能值为 1.63×10^{19} sej。

（4）建造施工阶段能值计算（表 4-3-2）

表 4-3-2 住宅类建筑施工能值计算

机械名称	型号规格	数量	额定功率/kW	施工部位	单个能值/sej
塔吊	QTZ4808	13	45	基础-主体	6.81×10^{18}
搅拌机	JS350	18	15	主体-装饰	3.03×10^{18}
砂浆机	HJ-200	35	2	主体-装饰	8.08×10^{17}
平板振动机	PZ-50	40	2.2	基础-装饰	9.97×10^{17}
插入式振动机	HZ-50A	45	1.1	基础-装饰	5.55×10^{17}
木工平刨	MQ112A	45	3	基础-装饰	1.51×10^{18}
木工压刨	MB106	45	7.5	基础-装饰	3.79×10^{18}
木工圆锯机	MJ104	45	3	基础-装饰	1.51×10^{18}
交流电焊机	BX3-500	27	32	基础-主体	9.7×10^{18}
电渣压力焊机	KDZ-500	27	45	基础-主体	1.36×10^{19}
对焊机	BX-126	27	100	基础-主体	3.03×10^{19}
手提式电焊机	BX-126	27	15	基础-主体	4.54×10^{18}
钢筋切断机	GJ5-40	40	5.5	基础-主体	2.5×10^{18}
钢筋弯曲机	GJT-40	40	2.8	基础-主体	1.27×10^{18}
离心泵	1/2B-17	22	2.2	基础-装饰	5.55×10^{17}

注：表中数据为真实性收集数据和计算数据，保持了微观数据和宏观数据的特征，为了保持计算的准确性，不做统一的四舍五入。

因燃油能值占比不大，本文中不进行考虑。

基于以上各类施工机械的油料计算，总的燃油能值为 2.08×10^{14} sej。除了设备能值之外，人工能值根据我国建筑工人平均效率计算，为 5.87×10^{20} sej。住宅建筑案例一建造阶段的总能值为 6.69×10^{20} sej。

（5）建筑运营阶段能值计算

按照我国建筑使用年限规定，住宅建筑使用年限为 70 年。根据住宅建筑所属的我国气候分区－夏热冬冷区，综合考虑后获得住宅建筑楼单面积的能耗值为 $100\ kW\cdot h/(m^2\cdot a)$，建筑物总建筑面积为 $292\,546\ m^2$，则建筑运营一年的能值量为 2.23×10^{19} sej；建筑运营七十年的能值为 1.11×10^{22} sej。

（6）建造拆除阶段能值计算

参考建筑拆除阶段碳排放占建造阶段碳排放的估算比例，拆除阶段能值估算比例取 1%，拆除阶段的能值量为 6.69×10^{18} sej。

2. 建筑全生命周期可持续分析

表 4-3-3 为住宅建筑案例一全生命周期的能值计算值,包括可再生能源、建材生产、建材运输、建造施工、建筑运营以及建筑拆除等各个阶段。当建筑运营周期为一年时,最大的能值消耗阶段为建材生产、建造施工和建筑运营等。当以运营 70 年为例,最大的能值输入量为建筑运营阶段,第二位为建材生产阶段能值;建造施工能值为第三位。随着建筑运营能值的增加,其他四个阶段的能值均出现变小趋势。作为可再生能源的输入,由于比重较小,不论是建筑运营 1 年还是 70 年,均占比为 0.04%,基本可以忽略不计。

表 4-3-3　住宅类建筑案例一全生命周期能值量计算　　　　　单位:sej

阶段		可再生能源	建材生产	建材运输	建造施工	建筑运营	建筑拆除
能值	1 年	1.56×10^{18}	3.45×10^{21}	1.63×10^{19}	6.69×10^{20}	2.23×10^{19}	6.69×10^{18}
	50 年	1.56×10^{18}	3.45×10^{21}	1.63×10^{19}	6.69×10^{20}	1.11×10^{22}	6.69×10^{18}

注:表中数据为真实性收集数据和计算数据,保持了微观数据和宏观数据的特征,为了保持计算的准确性,不做统一的四舍五入。

3. 基于我国能值转换率的评估分析

表 4-3-4 为最终的可持续能值指标评估结果,我国实际情况下的住宅楼评估结果较国外数据相比:负载率高,产生率高,可持续指标低。选取环境负载率、能值产生率和可持续性指标三项最重要的指标进行对比,依次造成的误差分别为 17.14%、31.4% 和 21.43%,说明对于住宅混凝土建筑来说,基于我国实际情况的能值转换率计算也是必要的。

表 4-3-4　住宅建筑楼可持续性能值指标对比评估

能值指标	代码	国外能值转换率	我国能值转换率
环境负载率	ELR	1 883.37	2 272.84
能值产生率	EYR	0.21	0.31
可持续发展指数	ESI	0.000 098	0.000 12

注:表中数据为真实性收集数据和计算数据,保持了微观数据和宏观数据的特征,为了保持计算的准确性,不做统一的四舍五入。

二、住宅类钢混建筑案例二

此住宅建筑位于南京市某新建住宅区,总建筑面积约为 380 310 m²,预算 21.3 亿元,建筑高度 33 层,共有 11 栋建筑群。总体结构为钢筋混凝土框架结构。

1. 全生命周期的能值计算

(1) 可再生能源的能值计算

① 太阳能值计算

Ⅰ. 建筑面积＝380 310 m²

Ⅱ. 光照射率＝5×10⁹～5.85×10⁹ J/(m²·a)

Ⅲ. 反射率＝0.3

Ⅳ. 能量＝光照射率×(1－反射率)×建筑面积＝5.43×10⁹ J/(m²·a)×(1－0.3)×380 310 m²＝1.44×10¹⁵ J/a

Ⅴ. 能值转换率＝1 sej/J

Ⅵ. 太阳能值量＝1.44×10¹⁵ J/a×50 a×1.00 sej/J＝7.20×10¹⁶ sej

② 雨水势能能值计算

Ⅰ. 建筑面积＝380 310 m²

Ⅱ. 平均降雨量＝0.71 m/a;平均海拔高度＝316 m

Ⅲ. 水密度＝1×10³ kg/m³

Ⅳ. 径流率＝40%

Ⅴ. 能量＝建筑面积×平均降雨量×径流率×水密度×平均海拔高度×重力加速度＝380 310 m²×0.71 m/a×40%×1×10³ kg/m³×316 m×9.8 m/s²＝3.34×10¹¹ J/a

Ⅵ. 能值转换率＝2.79×10⁴ sej/J

Ⅶ. 雨水势能能值量＝3.34×10¹¹ J/a×50 a×2.79×10⁴ sej/J＝4.66×10¹⁷ sej

③ 雨水化学能能值计算

Ⅰ. 建筑面积＝380 310 m²

Ⅱ. 平均降雨量＝0.71 m/a

Ⅲ. 水密度＝1×10³ kg/m³

Ⅳ. 蒸散率＝60%

Ⅴ. 水的吉布斯自由能＝4.94×10³ J/kg

Ⅵ. 能量＝建筑面积×平均降雨量×蒸散率×水密度×吉布斯自由能＝380 310 m²×0.71 m/a×1×10³ kg/m³×60%×4.94×10³ J/kg＝8.00×10¹¹ J/a

Ⅶ. 能值转换率＝18 199 sej/J

Ⅷ．雨水化学能能值量＝8.00×10¹¹ J/a×50 a×18 199 sej/J＝7.28×10¹⁷ sej

④ 风能能值计算

Ⅰ．建筑面积＝380 310 m²

Ⅱ．空气密度＝1.29 kg/m³

Ⅲ．自转风速＝3.17 m/s

Ⅳ．阻力系数＝0.001

Ⅴ．能量＝建筑面积×空气密度×阻力系数×自转风速的三次方×3.15×10⁷ s/a＝380 310 m²×1.29 kg/m³×1×10⁻³×(3.17 m/s)³×3.15×10⁷ s/a＝4.92×10¹¹ J/a

Ⅵ．能值转换率＝1 496 sej/J

Ⅶ．风能能值量＝4.92×10¹¹ J/a×50 a×1 496 sej/J＝3.68×10¹⁶ sej

⑤ 地热能能值计算

Ⅰ．建筑面积＝380 310 m²

Ⅱ．热流＝3.50×10⁻² J/(m²·s)

Ⅲ．能量＝建筑面积×热流×3.15×10⁷ s/a＝380 310 m²×3.50×10⁻² J/(m²·s)×3.15×10⁷ s/a＝4.19×10¹¹ J/a

Ⅳ．能值转换率＝34 377 sej/J

Ⅴ．地热能能值量＝4.19×10¹¹ J/a×50 a×34 377 sej/J＝7.20×10¹⁷ sej

⑥ 总可再生能值＝7.20×10¹⁶＋4.66×10¹⁷＋7.28×10¹⁷＋3.68×10¹⁶＋7.20×10¹⁷ sej＝2.02×10¹⁸ sej

(2) 建材生产阶段能值计算

表4－3－5列出的结果显示，在评估系统中，混凝土、水泥、钢材是整个住宅类建筑的主要构成材料，当采用国内的能值转换率计算时，占比分别为60%、22%、16%。

表4－3－5　住宅类建筑主要建材能值计算

类型	用量	能值转换率/(sej/U)	单因素能值/sej
水泥	3.50×10⁸ kg	2.56×10¹²	9.26×10²⁰
钢	2.86×10⁸ kg	2.29×10¹²	6.64×10²⁰
铝合金	7.85×10³ kg	1.27×10¹³	1.01×10¹⁷

类型	用量	能值转换率/(sej/U)	单因素能值/sej
铜	1.74×10^3 kg	6.77×10^{13}	1.2×10^{17}
混凝土	3.42×10^8 kg	7.14×10^{12}	2.47×10^{21}
砖	9.41×10^5 kg	4.23×10^{12}	4.03×10^{18}
碎石	4.12×10^6 kg	1×10^{12}	4.16×10^{18}
石材	5.39×10^6 kg	1×10^{12}	5.45×10^{18}
石灰	4.01×10^6 kg	1.69×10^{12}	6.85×10^{18}
瓷砖	6.23×10^5 kg	4.01×10^{12}	2.58×10^{18}
涂料	2.95×10^5 kg	1.52×10^{13}	4.55×10^{18}
玻璃	9.29×10^6 kg	1.8×10^{12}	1.69×10^{19}
木材	9.92×10^5 kg	8.79×10^{11}	8.82×10^{17}
有机材料	4.54×10^5 kg	6.88×10^{12}	3.16×10^{18}
循环水	8.14×10^6 m³	3.4×10^{12}	2.8×10^{19}

注：表中数据为真实性收集数据和计算数据，保持了微观数据和宏观数据的特征，为了保持计算的准确性，不做统一的四舍五入。

（3）建材运输阶段能值计算

建筑材料运输阶段以柴油数据为计算依据，根据重型商用车辆燃料消耗量限值国家标准，以 25 t 卡车为计算车型，每 100 km 的柴油消耗量为 32.5 L。柴油的能值转换率选取 6.58×10^4 sej/J。按照零号柴油的数据，1 L 柴油为 0.72 kg，产生 9 600 kcal 热量，同时 1 kcal 等于 4.19 kJ，计算出 1 L 柴油可以产生 2.899×10^4 J 能量。综上所述，建筑材料运输阶段的能值为 2.12×10^{19} sej。

（4）建造施工阶段能值计算（表 4－3－6）

除了设备能值之外，人工能值以我国建筑工人平均效率为计算依据，住宅类建筑人工费取值为 1.04×10^8 元，能值转换率为 7.42×10^{12} sej/元，则人工能值为 7.72×10^{20} sej。

表 4－3－6　住宅类建筑施工能值计算

序号	机械名称	型号规格	额定功率/kW	施工部位	单个能值/sej
1	塔吊	QTZ4808	45	基础-主体	8.85×10^{18}
2	搅拌机	JS350	15	主体-装饰	3.94×10^{18}
3	砂浆机	HJ-200	2	主体-装饰	1.05×10^{18}

序号	机械名称	型号规格	额定功率/kW	施工部位	单个能值/sej
4	平板振动机	PZ-50	2.2	基础-装饰	1.30×10^{18}
5	插入式振动机	HZ-50A	1.1	基础-装饰	7.22×10^{17}
6	木工平刨	MQ112A	3	基础-装饰	1.96×10^{18}
7	木工压刨	MB106	7.5	基础-装饰	4.93×10^{18}
8	木工圆锯机	MJ104	3	基础-装饰	1.96×10^{18}
9	交流电焊机	BX3-500	32	基础-主体	1.26×10^{19}
10	电渣压力焊机	KDZ-500	45	基础-主体	1.77×10^{19}
11	对焊机	BX-126	100	基础-主体	3.94×10^{19}
12	手提式电焊机	BX-126	15	基础-主体	5.9×10^{18}
13	钢筋切断机	GJ5-40	5.5	基础-主体	3.25×10^{18}
14	钢筋弯曲机	GJT-40	2.8	基础-主体	1.65×10^{18}
15	离心泵	1/2B-17	2.2	基础-装饰	7.22×10^{17}

注:表中数据为真实性收集数据和计算数据,保持了微观数据和宏观数据的特征,为了保持计算的准确性,不做统一的四舍五入。

（5）建筑运营阶段能值计算

按照我国建筑使用年限规定,作为住宅建筑使用年限为70年。根据住宅建筑所属的我国气候分区为夏热冬冷区,住宅建筑楼单面积的能耗值为 $100 \ kW \cdot h/(m^2 \cdot a)$,建筑物总建筑面积为 380 310 m^2,建筑运营1年和70年的能值分别为 2.89×10^{19} sej 和 1.44×10^{22} sej。

（6）建造拆除阶段能值计算

参考建筑拆除阶段碳排放占建造阶段碳排放的估算比例,这里拆除阶段能值估算比例取1%,拆除阶段的能值量为 8.56×10^{18} sej。

2. 建筑全生命周期可持续分析

表4-3-7为住宅建筑案例二全生命周期的能值计算值,包括可再生能源、建材生产、建材运输、建造施工、建筑运营以及建筑拆除等各个阶段。当运营周期为1年时,能值前三位的阶段为建材生产、建造施工和建筑运营;当运营周期为70年时,最大的能值为建筑运营阶段,第二位为建材生产阶段的能值;建造施工能值为第三位。随着建筑运营能值的增加,其他四个阶段的能值占比均出现变小趋势。不论是建筑运营1年还是70年,可再生能源能值占比均为0.03%,基本可以忽略不计。

表4-3-7　住宅类建筑案例二全生命周期能值量计算　　　　单位:sej

阶段		可再生能源	建材生产	建材运输	建造施工	建筑运营	建筑拆除
能值	1年	$2.03×10^{18}$	$4.14×10^{21}$	$2.12×10^{19}$	$8.65×10^{20}$	$2.89×10^{19}$	$8.56×10^{18}$
	70年	$2.03×10^{18}$	$4.14×10^{21}$	$2.12×10^{19}$	$8.65×10^{20}$	$1.44×10^{22}$	$8.56×10^{18}$

注:表中数据为真实性收集数据和计算数据,保持了微观数据和宏观数据的特征,为了保持计算的准确性,不做统一的四舍五入。

3. 基于我国能值转换率的评估分析

表4-3-8为最终的可持续能值计算结果,我国实际情况下的住宅楼评估结果较国外数据相比,环境负载率高,能值产生率高,可持续性指标低。选取环境负载率、能值产生率和可持续性指标三项指标进行对比,国内外数据造成的误差分别为10.23%、24.3%和7.14%,说明对于此住宅混凝土建筑来说,基于我国实际情况的能值转换率计算也是必要的。

表4-3-8　住宅建筑楼案例二可持续性能值指标对比评估

能值指标	代码	国外能值转换率	我国能值转换率
环境负载率	ELR	2 448.3	2 727.4
能值产生率	EYR	0.28	0.37
可持续性指数	ESI	0.000 13	0.000 14

 第四节　三类案例结果分析与策略改善

一、三类案例对比分析

为了验证基于我国能值转换率下的建筑全生命周期能值评估差异,本章节集中在建筑案例验证阶段,共包含三类案例,分别是办公类钢筋混凝土建筑案例、商用类钢筋混凝土案例和住宅类钢筋混凝土案例,详细的关键指标对比结果见表4-4-1。

表 4-4-1　三类案例可持续性对比评估

案例类型	编号	能值指标	国外能值转换率	我国能值转换率
办公类	案例一	环境负载率	1 714.5	2 354.58
		能值产生率	2.14	0.91
		可持续发展指数	0.001 3	0.000 85
	案例二	环境负载率	1 487.62	1 286.11
		能值产生率	8.52	7.29
		可持续发展指数	0.006 6	0.004 9
商用类	案例一	环境负载率	3 147.82	2 956.52
		能值产生率	0.31	0.33
		可持续发展指数	0.000 1	0.000 11
	案例二	环境负载率	1 156.21	1 436.14
		能值产生率	7.66	7.03
		可持续发展指数	0.005 9	0.004 7
住宅类	案例一	环境负载率	1 883.37	2 272.84
		能值产生率	0.21	0.31
		可持续发展指数	0.000 098	0.000 12
	案例二	环境负载率	2 448.3	2 727.4
		能值产生率	0.28	0.37
		可持续发展指数	0.000 13	0.000 14

注:表中数值为真实的计算结果,为了保持数据结构特性,不做统一的四舍五入。

办公类钢混建筑案例规律:通过对两个办公类案例的能值计算和评估结果来看,不论使用国外的能值转换率还是国内的转化率,办公类钢混建筑环境负载率高,能值产生率低,为不可持续状态。以可持续性指标为例,两个办公案例在国内外能值转换率背景下的误差为 67% 和 35.38%。相比办公案例一和案例二,案例一的环境负载率更大,可持续性指标更低,这是由于案例一的建设年代久远,相关施工工艺和建筑技术方面相对不够成熟所致。

商用类钢混建筑案例规律:商用类建筑案例和住宅类建筑案例的能值评估结果与办公类案例类似,总体状态同样为不可持续的模式,但是可持续程度不同,比办公类案例可持续性略低。可持续性指标在国内外的能值转换率背景下的误差分别为 9.09％和 26.09％。

住宅类钢混建筑案例规律：评估结果同样为不可持续状态，但是其可持续性指标在三类案例中效果最差，这是由于住宅类的案例评估年限是七十年，办公和商用案例则为五十年，过长的年限造成整个建筑的能值成本高昂，与环境矛盾突出，可持续更差。

通过对三类案例的对比分析，发现钢混建筑的全生命周期能值结果均不可持续，需要对其整个建筑系统的生态可持续进行提升和完善。

二、对应策略和改善效果

为了提高国内建筑的可持续水平，基于能值分析的基础上可采取如下改进措施：

1. 策略一：提高可再生能源的投入比例

可持续能源作为一种可再生的清洁能源，提高可再生能源的投入比例，可以有效降低不可再生能源的消耗，提高建筑系统的可持续水平。在本研究中可以采用一些新的可可再生能源类型，包括太阳能、水力发电和风能等。

2. 策略二：调整各种能源结构

能源结构不平衡是建筑可持续性不高的主要原因之一，尤其是不可再生能源的过度投入。为了优化能源结构，需要降低不可再生能源的输入比例，如石油、煤炭、天然气等。

3. 策略三：循环材料替换

由于建筑对原材料的过度依赖，造成了沉重的环境负荷，这种不可再生资源的极端消耗，阻碍了我国建筑的可持续发展。相关材料替代目前已被证明是有效的，特别是工业废料和副产品，如工业炉渣、建筑废料、冶金废料、采矿废料、燃料废料和化学废料等。

具体到本书的研究中，以策略一实施为例，通过提升建筑系统的可再生能源的比例，进而分析各个系统的可持续性指标变化。本设想以我国能值转换率计算为基础，将建筑系统的可再生能源能值提升到 5％，三类建筑系统的具体结果见表 4-4-2。以可持续发展指数为参考，可再生能源比例提升后，其指标均出现正向增长，幅度在 3.9％到 5.2％之间，说明提升可再生能源的比例对整个建筑系统的可持续性增加是有效的,但是鉴于可再生能源的高成本和技术难度,具体应用时需要综合考虑。

表 4-4-2 策略一背景下的三类案例可持续性指标变动

案例类型	编号	能值指标	改善前	改善后	变动幅度
办公类	案例一	可持续发展指数	0.000 85	0.000 89	+4.7%
	案例二	可持续发展指数	0.004 9	0.005 1	+4.1%
商用类	案例一	可持续发展指数	0.000 11	0.000 12	+9.1%
	案例二	可持续发展指数	0.004 7	0.004 9	+4.3%
住宅类	案例一	可持续发展指数	0.000 12	0.000 13	+8.3%
	案例二	可持续发展指数	0.000 14	0.000 15	+7.1%

注:表中数值为真实的计算结果,为了保持数据结构特性,不做统一的四舍五入。

第五节　本章小结

本章节核心是针对具体案例的能值平衡和分析。首先,选取了办公类、商用类和住宅类三类钢筋混凝土建筑案例,进而完成各个建筑系统的全生命周期的能值计算,定量评估各个建筑的可持续状态。其次是在国内外能值转换率背景下进行建筑系统的能值计算和评估,对比分析两类能值转换率下的系统状态差异,进一步证明了基于我国自身情况的能值转换率研究的必要性。最后,对三类钢混建筑案例整体能值结果规律进行分析和归纳,并在此基础上给出了三项改善措施,同时进行了策略效果验证,证明了改善策略的有效性和价值。

后　记

建筑全生命周期的能值可持续性研究是当前建筑学领域的核心方向之一,是绿色建筑和可持续建筑研究的重要组成部分。但是能值理论面临着时效性、地域性和行业性的诸多限制,造成了基于我国实际情况下的建筑能值研究的滞后性和不确定性。为了解决这个矛盾,本书将全生命周期的能值理论融合到钢筋混凝土建筑领域,其目的在评估建筑可持续性效果的同时,进一步检验在国内外两类能值转换率背景下的我国钢混建筑的可持续性效果误差,为今后我国建筑和能值理论深度融合提供有力参考。

建筑与能值领域交叉研究是在建筑学与生态学、环境学、经济学等相关学科基础上形成的,通过完成建筑全生命周期五个阶段的能值计算,特别是建材生产和建造施工两个阶段,进而实现了建筑系统全生命周期的效果评估。在整个计算过程中,选取基于我国目前实际条件下的可再生能源的地域数据、不可再生资源基础数据和实际国情下的人工服务数据等,避免了整个建筑系统能值研究的地域性差异和时效性误差。同时在我国建材行业的背景下,将七类建筑材料元素的能值转换率作为本书研究的核心章节,避免了能值行业性研究带来的偏差,有效地保证了建筑全生命周期能值研究的可靠性和准确度。

尽管如此,关于我国钢筋混凝土建筑和能值的交叉研究仍有后续的问题需要完善解决,代表性的问题如下:

(1)建筑材料能值转换率数据库的建立:由于建筑是一个综合体,涉及种类繁多的建筑材料,这些建材能值转换率都需要基于我国具体生产状况进行计算,进而建立完整的基于我国国情的建材能值转换率数据库。以建筑水泥材料为例,水泥是一类材料的统称,涉及不同标号的水泥,甚至是不同用途的水泥(如快硬水泥、抗渗水泥等),这些在水泥的配比上有不同的考量,会造成水泥转化率结果一定程度的偏差。

（2）建材运输阶段的能值计算可以进一步细化：建筑需要依存在城市中，建材运输与城市交通关系紧密，由于国内城市的交通状况差异明显，需要针对具体情况进行更多考量，如特大城市交通和中等城市交通不同，市中心的建筑和郊区的建筑交通情况也差异较大，这些都需要根据具体情况进行专门研究。

（3）建筑垃圾拆除阶段能值计算：这部分难点主要是因为建筑垃圾是作为城市垃圾的一部分，其处理方式为综合性处理，难以将其从整个处理系统中单独分离，这在一定程度上会影响建筑拆除阶段能值的计算精度。

（4）建筑案例多样化研究问题：由于建筑案例类型多，每个案例均有不同的特色，需要根据具体的建筑案例进行多样化角度的可持续性分析，这块内容可以作为本书研究的延伸部分，进一步深入分析。

参考文献

［1］ Odum H T. Environmental accounting: Emergy and environmental decision making[M]. New York: John & Wiley, 1996: 32 - 34.

［2］ 蓝盛芳,钦佩,陆宏芳. 生态经济系统能值分析[M]. 北京:化学工业出版社, 2002:5.

［3］ Chen W, Liu W J, Geng Y, et al. Recent progress on emergy research: A bibliometric analysis[J]. Renewable and Sustainable Energy Reviews, 2017, 73: 1051 - 1060.

［4］ Ferraro D O, Benzi P. A long-term sustainability assessment of an Argentinian agricultural system based on emergy synthesis[J]. Ecological Modelling, 2015, 306: 121 - 129.

［5］ Rodríguez-Ortega T, Bernués A, Olaizola A M, et al. Does intensification result in higher efficiency and sustainability? An emergy analysis of Mediterranean sheep-crop farming systems[J]. Journal of Cleaner Production, 2017, 144: 171 - 179.

［6］ Kocjančič T, Debeljak M, Žgajnar J, et al. Incorporation of emergy into multiple-criteria decision analysis for sustainable and resilient structure of dairy farms in Slovenia[J]. Agricultural Systems, 2018, 164: 71 - 83.

［7］ Houshyar E, Wu X F, Chen G Q. Sustainability of wheat and maize production in the warm climate of southwestern Iran: An emergy analysis[J]. Journal of Cleaner Production, 2018, 172: 2246 - 2255.

［8］ Tassinari C A, Bonilla S H, Agostinho F, et al. Evaluation of two hydropower plants in Brazil: Using emergy for exploring regional possibilities[J]. Journal of Cleaner Production, 2016, 122: 78 - 86.

[9] Merlin G,Boileau H. Eco-efficiency and entropy generation evaluation based on emergy analysis:Application to two small biogas plants[J]. Journal of Cleaner Production,2017,143:257 - 268.

[10] Brown M T,McClanahan T R. Emergy analysis perspectives of Thailand and Mekong River dam proposals[J]. Ecological Modelling,1996,91:105 - 130.

[11] Buller L S,Bergier I,Ortega E,et al. Dynamic emergy valuation of water hyacinth biomass in wetlands:An ecological approach[J]. Journal of Cleaner Production,2013,54:177 - 187.

[12] Sweeney S. Creation of a global emergy database for standardized national emergy synthesis[C]. Proceeding of the 4th biennial emergy research conference,Gainesville,2007.

[13] Brown M T,Cohen M J,Sweeney S. Predicting national sustainability:The convergence of energetic,economic and environmental realities[J]. Ecological Modelling,2009,220(23):3424 - 3438.

[14] Brown M T,Ulgiati S. Emergy-based indices and ratios to evaluate sustainability:Monitoring economies and technology toward environmentally sound innovation[J]. Ecological Engineering,1997,9(1/2):51 - 69.

[15] Lomas P L,Álvarez S,Rodríguez M,et al. Environmental accounting as a management tool in the Mediterranean context:The Spanish economy during the last 20 years[J]. Journal of Environmental Management,2008,88(2):326 - 347.

[16] Siche R,Pereira L,Agostinho F,et al. Convergence of ecological footprint and emergy analysis as a sustainability indicator of countries:Peru as case study[J]. Communications in Nonlinear Science and Numerical Simulation,2010,15(10):3182 - 3192.

[17] Pulselli R M. Integrating emergy evaluation and geographic information systems for monitoring resource use in the Abruzzo region(Italy)[J]. Journal of Environmental Management,2010,91(11):2349 - 2357.

[18] Meng F X,Liu G Y,Yang Z F,et al. Energy efficiency of urban transportation system in Xiamen,China. An integrated approach[J]. Applied Energy,

2017,186:234 - 248.

[19] Lei K,Wang Z S. Emergy synthesis of tourism-based urban ecosystem[J]. Journal of Environmental Management,2008,88:831 - 844.

[20] Brown M T, Ulgiati S. Emergy evaluations and environmental loading of electricity production systems[J]. Journal of Cleaner Production, 2002, 10 (4):321 - 334.

[21] Nilsson D. Energy,exergy and emergy analysis of using straw as fuel in district heating plants[J]. Biomass and Bioenergy,1997,13(1/2):63 - 73.

[22] Pereira C L F, Ortega E. Sustainability assessment of large-scale ethanol production from sugarcane[J]. Journal of Cleaner Production,2010,18(1): 77 - 82.

[23] Liu S,Sun D L,Wan S W, et al. Emergy evaluation of a kind of biodiesel production system and construction of new emergy indices[J]. Journal of Nanjing University(natural science),2007,43:111 - 118.

[24] Goh C S,Lee K T. Palm-based biofuel refinery(PBR)to substitute petroleum refinery:An energy and emergy assessment[J]. Renewable and Sustainable Energy Reviews,2010,14(9):2986 - 2995.

[25] Marchettini N,Ridolfi R,Rustici M. An environmental analysis for comparing waste management options and strategies[J]. Waste Management, 2007,27(4):562 - 571.

[26] Meillaud F,Gay J B,Brown M T. Evaluation of a building using the emergy method[J]. Solar Energy,2005,79(2):204 - 212.

[27] Yi H,Srinivasan R S,Braham W W. An integrated energy-emergy approach to building form optimization:Use of EnergyPlus, emergy analysis and Taguchi-regression method[J]. Building and Environment, 2015, 84: 89 - 104.

[28] Luo Z W,Zhao J N,Yao R M,et al. Emergy-based sustainability assessment of different energy options for green buildings[J]. Energy Conversion and Management,2015,100:97 - 102.

[29] Yi H,Braham W W. Uncertainty characterization of building emergy analy-

sis(BEmA)[J]. Building and Environment,2015,92:538 - 558.

[30] Pulselli R M,Simoncini E,Marchettini N. Energy and emergy based cost-benefit evaluation of building envelopes relative to geographical location and climate[J]. Building and Environment,2009,44(5):920 - 928.

[31] Srinivasan R S, Braham W W,Campbell D E,et al. Re(De)fining Net Zero Energy:Renewable Emergy Balance in environmental building design[J]. Building and Environment,2012,47:300 - 315.

[32] Yi H,Braham W W, Tilley D R,et al. A metabolic network approach to building performance:Information building modeling and simulation of biological indicators[J]. Journal of Cleaner Production,2017,165:1133 - 1162.

[33] Reza B,Sadiq R,Hewage K. Emergy-based life cycle assessment(Em-LCA) of multi-unit and single-family residential buildings in Canada[J]. International Journal of Sustainable Built Environment,2014,3:207 - 224.

[34] Hossaini N,Hewage K,Sadiq R. Spatial life cycle sustainability assessment: A conceptual framework for net-zero buildings[J]. Clean Technologies and Environmental Policy,2015,17:2243 - 2253.

[35] Paneru S,Foroutan J F,Hatamin M,et al. Integration of emergy analysis with building information modeling[J]. Sustainability,2021,13:7990.

[36] Cabeza L F,Rincón L,Vilariño V,et al. Life cycle assessment(LCA)and life cycle energy analysis(LCEA)of buildings and the building sector:A review [J]. Renewable and Sustainable Energy Reviews,2014,29:394 - 416.

[37] Yi H,Srinivasan R S,Braham W W,et al. An ecological understanding of net-zero energy building:Evaluation of sustainability based on emergy theory[J]. Journal of Cleaner Production,2017,143:654 - 671.

[38] Wang X L,Li Z J,Long P,et al. Sustainability evaluation of recycling in agricultural systems by emergy accounting[J]. Resources, Conservation and Recycling,2017,117:114 - 124.

[39] Chen G Q,Jiang M M,Chen B,et al. Emergy analysis of Chinese agriculture [J]. Agriculture Ecosystems & Environment,2006,115(1/2/34):161 - 173.

[40] Zhang L X,Song B,Chen B. Emergy-based analysis of four farming systems:

Insight into agricultural diversification in rural China[J]. Journal of Cleaner Production, 2012, 28: 33 – 44.

[41] Jiang M M, Chen B, Zhou J B, et al. Emergy account for biomass resource exploitation by agriculture in China[J]. Energy Policy, 2007, 35: 4704 – 4719.

[42] Yi T, Xiang P G. Emergy analysis of paddy farming in Hunan Province, China: A new perspective on sustainable development of agriculture[J]. Journal of Integrative Agriculture, 2016, 15(10): 2426 – 2436.

[43] Cheng H, Chen C D, Wu S J, et al. Emergy evaluation of cropping, poultry rearing, and fish raising systems in the drawdown zone of Three Gorges Reservoir of China[J]. Journal of Cleaner Production, 2017, 144: 559 – 571.

[44] Sha Z P, Guan F C, Wang J F, et al. Evaluation of raising geese in cornfields based on emergy analysis: A case study in southeastern Tibet, China[J]. Ecological Engineering, 2015, 84: 485 – 491.

[45] Zhang L X, TangS J, Hao Y, et al. Integrated emergy and economic evaluation of a case tidal power plant in China[J]. Journal of Cleaner Production, 2018, 182: 38 – 45.

[46] 杨涵. 基于能值理论的旅游景区生态系统生态效率评估: 以峨眉山风景区为例[D]. 重庆: 西南大学, 2020.

[47] 杨瑾. 基于能值生态足迹的甘肃省生态安全状况研究[D]. 兰州: 兰州财经大学, 2018.

[48] 魏巍. 基于能值生态足迹方法与生态系统生产总值的青海省生态补偿量化研究[D]. 兰州: 兰州大学, 2020.

[49] 唐廉. 基于能值生态足迹模型的贵州省生态经济系统可持续性研究[D]. 重庆: 西南大学, 2018.

[50] Huang S L. Urban ecosystems, energetic hierarchies, and ecological economics of Taipei metropolis[J]. Journal of Environmental Management, 1998, 52(1): 39 – 51.

[51] Lei K P, Wang Z S, Ton S. Holistic emergy analysis of Macao[J]. Ecological Engineering, 2008, 32(1): 30 – 43.

[52] Li D, Wang R S. Hybrid Emergy-LCA (HEML) based metabolic evaluation

of urban residential areas：the case of Beijing，China[J]. Ecological Complexity，2009，6(4)：484 - 493.

[53] Zhang Y，Yang Z F，Yu X Y. Evaluation of urban metabolism based on emergy synthesis：A case study for Beijing(China)[J]. Ecological Modelling，2009，220：1690 - 1696.

[54] Zhang L X，Chen B，Yang Z F，et al. Comparison of typical mega cities in China using emergy synthesis[J]. Communications in Nonlinear Science and Numerical Simulation，2009，14(6)：2827 - 2836.

[55] Liu G Y，Yang Z F，Chen B，et al. Emergy-based urban ecosystem health assessment：A case study of Baotou，China[J]. Communications in Nonlinear Science and Numerical Simulation，2009，14(3)：972 - 981.

[56] 焦利锋. 淮南市生态经济系统能值分析与评价[D]. 合肥：安徽建筑大学，2018.

[57] 陈昳. 基于 InVEST 模型的舟山群岛生态系统服务能值研究[D]. 舟山：浙江海洋大学，2020.

[58] 吴超. 基于能值生态足迹模型的皖江城市带生态压力研究[D]. 蚌埠：安徽财经大学，2018.

[59] Zhang G J，Long W D. A key review on emergy analysis and assessment of biomass resources for a sustainable future[J]. Energy Policy，2010，38(6)：2948 - 2955.

[60] Ren J M，Zhang L，Wang R S. Measuring the sustainability of policy scenarios：emergy-based strategic environmental assessment of the Chinese paper industry[J]. Ecological Complexity，2010，7(2)：156 - 161.

[61] Zhang B，Chen G Q，Yang Q，et al. How to guide a sustainable industrial economy：Emergy account for resources input of Chinese industry[J]. Procedia Environmental Science，2011，5：51 - 59.

[62] Mu H F，Feng X A，Chu K H. Improved emergy indices for the evaluation of industrial systems incorporating waste management[J]. Ecological Engineering，2011，37(2)：335 - 342.

[63] 向妮. 基于能值的水泥生产系统可持续性研究[D]. 雅安：四川农业大

学,2019.

[64] 成嘉.基于能值分析的生光耦合供暖系统可持续性评价[D].咸阳:西北农林科技大学,2020.

[65] 周海生.基于综合效益的用水效率能值评价方法研究[D].郑州:郑州大学,2020.

[66] Li D Z,Zhu J,Hui E C M,et al. An emergy analysis-based methodology for eco-efficiency evaluation of building manufacturing[J]. Ecological Indicators,2011,11:1419 - 1425.

[67] 钱锋,王伟东.建筑环境效率能值分析与评价:以北京大学体育馆为例[J].建筑学报,2007(7):39 - 42.

[68] 王伟东.建筑的生态效率能值分析与评价研究:以体育建筑为例[D].上海:同济大学,2007.

[69] 张勇,陈曦虎,李慧民,等.基于能值分析的旧工业建筑改造评价[J].工业建筑,2013,43(10):24 - 27.

[70] 李瑞平.中国建筑业生态经济系统能值分析:以江西省为例[D].南昌:南昌航空大学,2016.

[71] 彭文俊.建筑生态位与评价方法研究[D].武汉:华中科技大学,2019.

[72] 中华人民共和国生态环境部.碳排放权交易管理办法(试行)[EB/OL].(2021-01-06)[2021-04-03]. http://www. gov. cn/zhengce/zhengceku/2021-01/06/content_5577360. htm.

[73] 中华人民共和国国家质量监督检验检疫总局,中国国家标准化管理委员会.民用建筑能耗分类及表示方法:GB/T 34913—2017[S].北京:中国标准出版社,2017.

[74] 行业分类[EB/OL].(2022-01-16)[2022-03-22]. https://baike. baidu. com/item/行业分类/2847868.

[75] Buranakarn V. Evaluation of recycle and reuse of building materials using the emergy analysis method[D]. Florida:University of Florida,1998.

[76] Mikulčić H,Cabezas H, Vujanović M, et al. Environmental assessment of different cement manufacturing processes based on Emergy and Ecological Footprint analysis[J]. Journal of Cleaner Production,2016,130:213 - 221.

[77] Zhang X H,Shen J M,Wang Y Q,et al. An environmental sustainability assessment of China's cement industry based on emergy[J]. Ecological Indicators,2017,72:452 - 458.

[78] Song D,Lin L,Wu Y,et al. Emergy analysis of a typical New Suspension Preheaters cement plant in China[J]. Journal of Cleaner Production,2019,222:407 - 413.

[79] Shao S,Mu H,Yang F L,et al. Emergy synthesis of the sustainability of Chinese cement industry with waste heat power generation technology[J]. Nature Environment and Pollution Technology,2017,16:1.

[80] Chen W,Liu W J,Geng Y,et al. Life cycle based emergy analysis on China's cement production[J]. Journal of Cleaner Production,2016,131:272 - 279.

[81] 中华人民共和国国家统计局. 中国统计年鉴[M]. 北京:中国统计出版社,2012.

[82] He F,Zhang Q Z,Lei J S,et al. Energy efficiency and productivity change of China's iron and steel industry:Accounting for undesirable outputs[J]. Energy Policy,2013,54:204 - 213.

[83] 中华人民共和国生态环境部. 玻璃制造业污染防治可行技术指南:HJ 2305—2018[S]. 北京:中国环境出版集团,2018.

[84] Li J,Tharakan P,Macdonald D,et al. Technological,economic and financial prospects of carbon dioxide capture in the cement industry[J]. Energy Policy,2013,61:1377 - 1387.

[85] Jin P J,Zhang Y,Wang S,et al. Characterization of the superficial weathering of bricks on the City Wall of Xi'an,China[J]. Construction and Building Materials,2017,149:139 - 148.

[86] 左和平,黄速建,刘建丽,等. 中国陶瓷产业发展报告[M]. 北京:社会科学文献出版社,2016.

[87] 中华人民共和国生态环境部. 陶瓷工业污染物排放标准:GB 25464—2010[S],2010.

[88] Ciacco E F S,Rocha J R,Coutinho A R. The energy consumption in the ceramic tile industry in Brazil[J]. Applied Thermal Engineering,2017,113:

1283 - 1289.

[89] Ros-Dosd T, Fullana-i-Palmer P, Mezquita A, et al. How can the European ceramic tile industry meet the EU's low-carbon targets? A life cycle perspective[J]. Journal of Cleaner Production, 2018, 199: 554 - 564.

[90] Bastianoni S, Niccolucci V, Picchi M P. Thermodynamic analysis of ceramics production in Sassuolo(Italy) from a sustainability viewpoint[J]. Journal of Thermal Analysis and Calorimetry, 2001, 66: 273 - 280.

[91] 中华人民共和国生态环境部. 中国环境统计年报[M]. 北京: 中国环境出版社, 2015.

[92] 国家环境保护总局. 城镇污水处理厂污染物排放标准: GB 18918—2002 [S], 2002.

[93] Teoh S K, Li L Y. Feasibility of alternative sewage sludge treatment methods from a lifecycle assessment(LCA) perspective[J]. Journal of Cleaner Production, 2020, 247: 119495.

[94] Zhang X H, Cao J, Li J R, et al. Influence of sewage treatment on China's energy consumption and economy and its performances[J]. Renewable and Sustainable Energy Reviews, 2015, 49: 1009 - 1018.

[95] 李蕊. 面向设计阶段的建筑生命周期碳排放计算方法研究及工具开发[D]. 南京: 东南大学, 2013.

[96] Zhang J X, Srinivasan R S, Peng C H. A systematic approach to calculate unit emergy values of cement manufacturing in China using consumption quota of dry and wet raw materials[J]. Buildings, 2020, 10: 128.

[97] 中华人民共和国国家质量监督检验检疫总局, 中国国家标准化管理委员会. 通用硅酸盐水泥: GB 175—2020[S]. 北京: 中国标准出版社, 2020.

[98] 中华人民共和国国家质量监督检验检疫总局, 中国国家标准化管理委员会. 石灰石及白云石化学分析方法: GB/T 3286.2—2012[S]. 北京: 中国标准出版社, 2012.

[99] 中华人民共和国国家质量监督检验检疫总局, 中国国家标准化管理委员会. 铝土矿石: GB/T 24483—2009[S]. 北京: 中国标准出版社, 2009.

[100] 中华人民共和国国家质量监督检验检疫总局, 中国国家标准化管理委员会.

工业硫酸:GB/T 534—2014[S].北京:中国标准出版社,2014.

[101] 中华人民共和国国家质量监督检验检疫总局,中国国家标准化管理委员会.
煤的工业分析方法:GB/T 212—2008[S].北京:中国标准出版社,2008.

[102] 中华人民共和国国家质量监督检验检疫总局,中国国家标准化管理委员会.
石膏化学分析方法:GB/T 5484—2012[S].北京:中国标准出版社,2012.

[103] 中华人民共和国国家质量监督检验检疫总局,中国国家标准化管理委员会.
煤炭质量分级第3部分:发热量:GB/T 15224.3—2010[S].北京:中国标准
出版社,2010.

[104] 国家市场监督管理总局,国家标准化管理委员会.综合能耗计算通则:GB/T
2589—2020[S],2020.

[105] 中华人民共和国国家质量监督检验检疫总局,中国国家标准化管理委员会.
用于水泥、砂浆和混凝土中的粒化高炉矿渣粉:GB/T 18046—2017[S],
2017.

[106] 中华人民共和国国家质量监督检验检疫总局,中国国家标准化管理委员会.
水泥化学分析方法:GB/T 176—2017[S].北京:中国标准出版社,2017.

[107] 中华人民共和国国家质量监督检验检疫总局,中国国家标准化管理委员会.
硅酸盐水泥熟料:GB/T 21372—2008[S].北京:中国标准出版社,2008.

[108] Brown M T,Ulgiati S. Assessing the global environmental sources driving
the geobiosphere:A revised emergy baseline[J]. Ecological Modelling,
2016,339:126 - 132.

[109] 沈威.水泥工艺学[M].重排本.武汉:武汉理工大学出版社,1991.

[110] 中华人民共和国国家发展和改革委员会.水泥回转窑热平衡、热效率、综合
能耗计算方法:JCT 730—2007[S].北京:中国标准出版社,2007.

[111] Chiu H W,Lee Y C,Huang S L,et al. How does peri-urbanization teleconn-
ect remote areas? An emergy approach[J]. Ecological Modelling,2019,
403:57 - 69.

[112] 陈全德.新型干法水泥技术原理与应用[M].北京:中国建材工业出版
社,2004.

[113] 中华人民共和国国家质量监督检验检疫总局,中国国家标准化管理委员会.
用于水泥和混凝土中的粉煤灰:GB/T 1596—2017[S].北京:中国标准出版

社,2017.

[114] 浙江省质量技术监督局. 水泥单位产品能耗限额及计算方法:DB 33/645—2007[S]. 北京:人民交通出版社,2007.

[115] Rugani B,Huijbregts M A J,Mutel C,et al. Solar energy demand(SED) of commodity life cycles[J]. Environmental Science & Technology,2011,45:5426 - 5433.

[116] Pulselli R M,Simoncini E,Ridolfi R,et al. Specific emergy of cement and concrete:An energy-based appraisal of building materials and their transport[J]. Ecological Indicators,2008,8:647 - 656.

[117] Brown M T,Bardi E. Handbook of emergy evaluation:A compendium of data for emergy computation in a series of folios[R]. University of Florida,USA,2001.

[118] Buenfil A A. Emergy evaluation of water[D]. Florida:University of Florida,2001.

[119] Brown M T,Buranakarn V. Emergy indices and ratios for sustainable material cycles and recycle options[J]. Resources,Conservation and Recycling,2003,38:1 - 22.

[120] Chen W,Geng Y,Dong H J,et al. An emergy accounting based regional sustainability evaluation:A case of Qinghai in China[J]. Ecological Indicators,2018,88:152 - 160.

[121] 中华人民共和国国家质量监督检验检疫总局,中国国家标准化管理委员会. 铸造用生铁:GB/T 718—2005[S]. 北京:中国标准出版社,2005.

[122] 中华人民共和国国家质量监督检验检疫总局,中国国家标准化管理委员会. 铁矿石分析方法总则及一般规定:GB/T 1361—2008[S]. 北京:中国标准出版社,2008.

[123] 中华人民共和国工业和信息化部. 萤石:YB/T 5217—2019[S]. 北京:中国标准出版社,2019.

[124] 武汉钢铁公司. 白云石成分标准:YB 2415—1981[S]. 北京:中国标准出版社,1981.

[125] 中国石化工程建设公司. 管状炉炉衬设计规定:SEHT 0214[S]. 北京:中国

标准出版社,2001.

[126] 中华人民共和国工业和信息化部. 建筑石灰试验方法第 2 部分:化学分析方法:JC/T 478.2—2013[S]. 北京:中国标准出版社,2013.

[127] 中华人民共和国国家质量监督检验检疫总局,中国国家标准化管理委员会. 铁矿石产品等级的划分:GB/T 32545—2016[S]. 北京:中国标准出版社,2016.

[128] 宝山钢铁股份有限公司. 可持续发展报告[R],2018.

[129] Pan H Y,Zhang X H,Wu J,et al. Sustainability evaluation of a steel production system in China based on emergy[J]. Journal of Cleaner Production,2016,112:1498 - 1509.

[130] 河北省质量技术监督局. 钢铁企业主工序单位产品能源消耗限额:DB13 1207—2010[S]. 北京:中国标准出版社,2010.

[131] Shen J M,Zhang X H,Lv Y F,et al. An improved emergy evaluation of the environmental sustainability of China's steel production from 2005 to 2015 [J]. Ecological Indicators,2019,103:55 - 69.

[132] Zhang X H,Jiang W J,Deng S H,et al. Emergy evaluation of the sustainability of Chinese steel production during 1998-2004[J]. Journal of Cleaner Production,2009,17:1030 - 1038.

[133] 生态环境部. 玻璃制造污染防治可行技术指南:HJ 2305—2018[S]. 北京:中国环境科学出版社,2018.

[134] Qi Y,Zhang X H,Yang X D,et al. The environmental sustainability evaluation of an urban tap water treatment plant based on emergy[J]. Ecological Indicators,2018,94:28 - 38.

[135] Bakshi B R. A thermodynamic framework for ecologically conscious process systems engineering[J]. Computers & Chemical Engineering,2002,24: 1767 - 1773.

[136] Spagnolo S,Gonella F,Viglia S,et al. Venice artistic glass:Linking art, chemistry and environment—A comprehensive emergy analysis[J]. Journal of Cleaner Production,2018,171:1638 - 1649.

[137] de Vilbiss C D,Brown M T. New method to compute the emergy of crustal

minerals[J]. Ecological Modelling,2015,315:108 – 115.

[138] Lou B,Ulgiati S. Identifying the environmental support and constraints to the Chinese economic growth: An application of the emergy accounting method[J]. Energy Policy,2013,55:217 – 233.

[139] Liu T X,Bai Z,Zheng Z M,et al. 100 kW$_e$ power generation pilot plant with a solar thermochemical process:Design,modeling,construction,and testing [J]. Applied Energy,2019,251:113217.

[140] Tang S W,Chen J T,Sun P G,et al. Current and future hydropower development in Southeast Asia countries[J]. Energy Policy, 2019, 129: 239 – 249.

[141] Wang Y M,Zhao M Z,Chang J X,et al. Study on the combined operation of a hydro-thermal-wind hybrid power system based on hydro-wind power compensating principles[J]. Energy Conversion and Management, 2019, 194:94 – 111.

[142] Liu Y W,Shi C J,Zhang Z H,et al. An overview on the reuse of waste glasses in alkali-activated materials[J]. Resources,Conservation and Recycling, 2019,144:297 – 309.

[143] Nahar A,Hasanuzzaman M,Rahim N A,et al. Numerical investigation on the effect of different parameters in enhancing heat transfer performance of photovoltaic thermal systems[J]. Renewable Energy,2019,132:284 – 295.

[144] Brown M T, Raugei M, Ulgiati S. On boundaries and 'investments' in emergy synthesis and LCA:A case study on thermal vs. photovoltaic electricity[J]. Ecological Indicators,2012,15:227 – 235.

[145] Velasco P M, Morales Ortíz M P, Mendívil Giró M A, et al. Fired clay bricks manufactured by adding wastes as sustainable construction material: A review[J]. Construction and Building Materials,2014,63:97 – 107.

[146] Bonet-Martínez E, Pérez-Villarejo L, Eliche-Quesada D, et al. Manufacture of sustainable clay bricks using waste from secondary aluminum recycling as raw material[J]. Materials,2018,11:2439.

[147] Arabhosseini A,Samimi-Akhijahani H,Motahayyer M. Increasing the ener-

gy and exergy efficiencies of a collector using porous and recycling system [J]. Renewable Energy,2019,132:308 - 325.

[148] 环境保护部,国家质量监督检验检疫总局. 陶瓷工业污染物排放标准:GB 25464—2010[S]. 北京:中国环境科学出版社,2010.

[149] Lee J M,Braham W W. Building emergy analysis of Manhattan:Density parameters for high-density and high-rise developments[J]. Ecological Modelling,2017,363:157 - 171.

[150] Quijorna N,de Pedro M,Romero M,et al. Characterisation of the sintering behaviour of Waelz slag from electric arc furnace(EAF)dust recycling for use in the clay ceramics industry[J]. Journal of Environmental Management,2014,132:278 - 286.

[151] Wolff E,Schwabe W K,Conceicāo S V. Utilization of water treatment plant sludge in structural ceramics[J]. Journal of Cleaner Production,2015,96: 282 - 289.

[152] 中国环境科学研究院. 火电厂大气污染物排放标准:GB 13223—2011[S]. 北京:中国环境科学出版社,2011.

[153] 环境保护部,国家质量监督检验检疫总局. 环境空气质量标准:GB 3095—2012[S]. 北京:中国环境科学出版社,2012.

[154] Hopton M E,Heberling M T,Eason T,et al. San Luis Basin Sustainability Metrics Project:A Methodology for Evaluating Regional Sustainability [R]. United States Environmental Protection Agency,2010:119 - 136.

[155] Zhang J X,Ma L. Environmental sustainability assessment of a new sewage treatment plant in China based on infrastructure construction and operation phases emergy analysis[J]. Water,2020,12:484.

[156] Lemos D,Dias A C,Gabarrell X,et al. Environmental assessment of an urban water system[J]. Journal of Cleaner Production,2013,54:157 - 165.

[157] 张军学,彭昌海,王晨杨. 基于能值方法评估高层办公建筑生态可持续性:以东南大学逸夫建筑楼为例[J],华中建筑,2019,37(2):44 - 48.

[158] Lu Y M,Yue T X,Chen C F,et al. Solar radiation modeling based on stepwise regression analysis in China[J]. Journal of Remote Sensing,2010,14:

852－864.

[159] Budikova D,Hogan C M. Encyclopedia of earth[M]. National Council for Science and the Environment,2010.

[160] Wu M Q,Zhang AD,Kan Z Q,et al. Land surface temperature retrieved using MODIS data in Shandong Province[C]. Geoinformatics,21st International Conference on IEEE,2013.

[161] 江苏省统计局. 江苏省统计年鉴[M]. 南京:江苏人民出版社,2016.

[162] Gao G,Chen D L,Xu C Y,et al. Trend of estimated actual evapotranspiration over China during 1960—2002[J]. Journal of Geophysical Research Atmospheres,2007,112:D11120.

[163] 中国气象局. 国家气象科学数据中心数据库[DB/OL]. http://data. cma. cn,2021.

[164] Miller B I. A study of the filling of hurricane Donna over land[J]. Monthly Weather Review,1964,92:389－406.

[165] 东南大学建筑设计研究院. 东南大学逸夫建筑馆土建预算书[A]. 南京:东南大学档案馆,2002.

[166] Morrison M,Srinivasan R S,Ries R. Complementary life cycle assessment of wastewater treatment plants:An integrated approach to comprehensive upstream and downstream impact assessments and its extension to building-level wastewater generation[J]. Sustainable Cities and Society,2016,23:37－49.

[167] 中华人民共和国国家质量监督检验检疫总局,中国国家标准化管理委员会. 重型商用车辆燃料消耗量限值:GB 30510—2018[S]. 北京:中国标准出版社,2018.

[168] 王晨杨. 长三角地区办公建筑全生命周期碳排放研究[D]. 南京:东南大学,2016.

[169] 中华人民共和国国家质量监督检验检疫总局,中国国家标准化管理委员会. 民用建筑设计统一标准:GB 50352—2019[S]. 北京:中国建筑工业出版社,2019.

[170] 中华人民共和国国家质量监督检验检疫总局,中国国家标准化管理委员会.

民用建筑能耗标准：GB/T 51161—2016［S］. 北京：中国建筑工业出版社，2016.

［171］中国城市环境卫生协会. 建筑垃圾处理行业年度发展报告［R］. 北京：建筑垃圾与城市发展大会，2018.

［172］缪昌文，环境友好生态混凝土技术的发展［R］. 成都：第十七届国际绿色建筑与建筑节能大会，2021.

附 录

附录 A

附表 A1 土建部分的数据

项目名称	单位	数量	基价	合价		
				人工费	材料费	机械费
01. 土石方工程		226 069	132 432.8	5 055.34	88 580.89	
反铲挖掘机挖土 一、二类土	m³	29 266.42	73 166.05	26 339.78		46 826.27
场地机械平整 原土碾压	m²	2 903.75	493.65	58.08	29.04	406.53
地基钻探 洛阳铲 填3：7灰土	m	24 576	18 677.76	14 499.84	4 177.92	
场地机械平整 填土碾压 压路机	m³	1 1124.66	28 924.11	1 334.96	556.23	27 032.92
房心及基础外围夯填土	m³	7 303.66	59 232.68	44 625.36	292.15	14 315.17
土方运输运输距离 1000 m以内50 m	m³	7303.66	45 574.84	45 574.84		
03. 砖石工程			304 727.4	52 907.39	249 754.0	2 065.94
240 mm厚砖墙 水泥砂浆 M10	m³	184.32	25 532.01	6 414.34	18 809.86	307.81
加气砼砌块墙 水泥砂浆 M10	m³	595.2	160 733.7	16 659.65	143 889.6	184.51
365 mm厚砖墙 水泥石灰砂浆 M10	m³	228.19	31 853.04	7 781.28	23 647.33	424.43
240 mm厚砖墙 水泥石灰砂浆 M10	m³	173.23	23 860.71	6 075.18	17 478.91	306.62
365 mm厚砖墙 水泥石灰砂浆 M7.5	m³	260.57	35 518.3	8 885.44	26 148.2	484.66

续附表 A1

项目名称	单位	数量	基价	合价		
				人工费	材料费	机械费
240 mm 厚砖墙 水泥石灰砂浆 M7.5	m³	202.21	27 229.59	7 091.5	19 780.18	357.91
04. 混凝土及钢筋混凝土工程			3 571 690	437 489.5	3 003 966	130 234.4
现浇满堂基础 无梁式筏板基础	m³	2 108.75	490 305.4	39 813.2	426 895.3	23 596.91
现浇满堂基础 无梁式模板	m²	335.4	5 872.86	2 331.03	3 293.63	248.2
现浇满堂基础普通钢筋 Φ5 mm 以上	t	107.812	332 969.8	17 770.65	303 243.8	11 955.27
现浇矩形柱 砼 C30 KZ1-20	m³	495.49	133 425.5	22 118.67	108 423.1	2 883.75
现浇矩形柱模板	m²	3 263.92	75 918.77	27 612.76	43 475.41	4 830.6
现浇柱支撑高度超过 3.6 m	m²	421.15	467.48	273.75	168.46	25.27
普通钢筋 Φ5 mm 以上	t	101.73	312 563.4	17 062.16	286 170.5	9 330.68
现浇单梁、连续梁叠合梁	m³	126.16	32 440.79	4 037.12	27 680.77	722.9
现浇单梁连续梁模板	m²	1 114.66	24 333.03	8 560.59	14 847.27	925.17
现浇梁支撑高度超过 3.6 m	m²	1114.66	2 195.88	1 315.3	679.94	200.64
现浇矩形梁 普通钢筋 Φ5 mm 以上	t	37.672	116 221.1	6 761.37	105 955.1	3 504.63
现浇单梁、连续梁叠合梁	m³	126.16	32 440.79	4 037.12	27 680.77	722.9
现浇单梁连续梁模板	m²	1 114.66	24 333.03	8 560.59	14 847.27	925.17
现浇梁支撑高度超过 3.6 m	m²	1 114.66	2 195.88	1 315.3	679.94	200.64
现浇矩形梁 普通钢筋 Φ5 mm 以上	t	42.772	131 955.0	7 676.72	120 299.2	3 979.08

续附表 A1

项目名称	单位	数量	合价			
			基价	人工费	材料费	机械费
现浇单梁梁 KL 8.400 标高	m³	187.63	48 247.18	6 004.16	41 167.9	1 075.12
现浇单梁连续梁模板	m²	1 325.63	28 938.5	10 180.84	17 657.39	1 100.27
现浇梁支撑高度每增加 1 m(其他)	m²	1 325.63	2 611.48	1 564.24	808.63	238.61
现浇矩形梁 普通钢筋 Φ5 mm 以上	t	58.661	180 973.8	10 528.48	164 988.1	5 457.23
现浇单梁、连续梁叠合梁 砼 C30	m³	39.11	10 056.75	1 251.52	8 581.13	224.1
现浇单梁连续梁板	m²	306.8	6 697.44	2 356.22	4 086.58	254.64
现浇梁支撑高度超过 3.6 m	m²	306.8	604.39	362.02	187.15	55.22
现浇矩形梁 普通钢筋 Φ5 mm 以上	t	9.982	30 795.27	1 791.57	28 075.07	928.63
现浇平板、悬挑板地层 XB 150 mm	m³	210.08	55 555.66	5 854.93	48 496.97	1 203.76
现浇平板模板	m²	1 400.58	24 902.31	7 325.03	15 154.28	2423
现浇平板普通钢筋 Φ5 mm 以上	t	33.458	101 285.7	7 268.08	93 208.97	808.68
现浇平板、悬挑板 砼 C30	m³	140.06	37 038.86	3 903.47	32 332.85	802.54
现浇平板模板	m²	1 400.58	24 902.31	7 325.03	15 154.28	2 423
现浇平板支撑高度超过 3.6 m	m²	1 400.58	2 899.2	1 890.78	742.31	266.11
现浇平板普通钢筋 Φ5 mm 以上	t	22.882	69 269.54	4 970.66	63 745.82	553.06
现浇平板二层 XB 120 mm	m³	168.07	44 446.11	4 684.11	38 798.96	963.04
现浇平板模板	m²	1 400.58	24 902.31	7 325.03	15 154.28	2 423

续附表 A1

项目名称	单位	数量	基价	合价		
				人工费	材料费	机械费
现浇板支撑高度超过 3.6 m	m²	1 400.58	2 899.2	1 890.78	742.31	266.11
现浇平板　普通钢筋 Φ5 mm 以上	t	23.141	70 053.59	5 026.92	64 467.35	559.32
现浇平板、悬挑板　砼 C25	m³	277.68	68 653.61	7 738.94	59 323.56	1 591.11
现浇平板模板	m²	2 304.96	40 982.19	12 054.94	24 939.67	3 987.58
现浇平板　普钢筋 Φ5 mm 以上	t	27.912	84 496.6	6 063.32	77 758.65	674.63
现浇直、圆形墙以内砼 C30	m³	384.4	102 319.5	15 645.08	84 491.12	2 183.39
现浇直形墙模板	m²	2 575.57	40 848.54	14 809.53	22 690.77	3 348.24
现浇直形墙厚度 15 cm　普通钢筋	t	42.414	129 100.5	8 216.44	118 427.1	2 457.04
现浇地沟　砼 C15	m³	15.59	3 568.55	485	2 941.68	141.87
现浇地沟模板	m²	35.8	1 015.64	203.7	785.45	26.49
现浇地沟　普通钢筋 Φ5 mm 以上	t	0.881	2 839.32	354.59	2 450.77	33.96
预制地沟盖板　砼 C20	m³	5.13	1 287.48	161.6	1 021.28	104.6
预制地沟盖板模板	m³	5.13	272.82	137.18	134.41	1.23
预制地沟盖板　普通钢筋 Φ5 mm 以上	t	0.212	631.57	27.95	578.24	25.38
预制安装　地沟盖板、过梁　人工安装	m³	5.13	91.52	90.49	1.03	
现浇构造柱　砼 C20	m³	152.04	37 628.37	8 035.31	28 708.19	884.87
现浇矩形柱模板	m²	749.94	17 443.6	6 344.49	9 989.2	1 109.91

续附表 A1

项目名称	单位	数量	基价	合价		
				人工费	材料费	机械费
现浇构造柱 普通钢筋 Φ5 mm 以上	t	12.411	39 014.97	2 849.69	34 913.38	1 251.9
现浇圈梁 砼 C20	m³	148.71	36 341.76	7 319.51	28 170.14	852.11
现浇圈梁 直形模板	m²	1 041.94	17 462.92	7 762.45	8 939.85	760.62
现浇圈梁、压顶 普通钢筋 Φ5 mm	t	18.456	59 143.36	5 353.35	51 908.79	1 881.22
现浇屋面圈梁 砼 C20	m³	54.25	13 257.62	2 670.19	10 276.58	310.85
现浇屋面圈梁 直形模板	m²	334.85	5 612.08	2 494.63	2 873.01	244.44
现浇屋面圈梁、压顶 普通钢筋	t	6.148	19 701.64	1 783.29	17 291.68	626.67
预制空心楼板 砼 C30	m³	148.99	43 925.23	4 712.55	36 174.77	3 037.91
预制空心板 宽 1 200 mm 以内模板	m³	148.99	4 331.14	1 321.54	2 503.03	506.57
预制 先张法 冷拔低碳钢丝	t	5.187	19 478.64	856.06	18 305.29	317.29
预制 Ⅱ类构件 运输距离 5 km 以内	m³	148.99	9 100.32	651.09	351.62	8 097.61
塔式起重机	m³	148.99	2 191.64	1 764.04	427.6	
预制安装 空心板接头灌缝	m³	148.99	6 658.37	1 954.75	4 498.01	205.61
现浇整体楼梯 直形 砼 C25	m²	972.57	53 287.11	9 667.35	42 112.28	1 507.48
现浇楼梯 直形模板	m²	972.57	61 845.72	21 211.75	37 920.5	2 713.47
现浇楼梯 普通钢筋 Φ5 mm 以上	t	17.739	55 027.97	4 131.59	49 912.4	983.98
现浇单梁、连续梁叠合梁	m³	10.53	2 534.26	336.96	2 136.96	60.34

续附表 A1

项目名称	单位	数量	合价			
			基价	人工费	材料费	机械费
现浇单梁连续梁梁模板	m²	105.84	2 310.49	812.85	1 409.79	87.85
现浇矩形梁 普通钢筋 Φ5 mm 以上	t	1.698	5 238.46	304.76	4 775.74	157.96
现浇平板、悬挑板 砼 C25	m³	35.43	8 759.71	987.43	7 569.27	203.01
现浇悬挑板(阳台、雨蓬、天沟)	m²	388.72	22 985.01	5 966.85	15 945.29	1 072.87
现浇平板 普通钢筋 Φ5 mm 以上	t	4.9	14 833.53	1 064.43	13 650.67	118.43
预制隔断板 砼 C20	m³	12.15	3 313.06	482.23	2 728.16	102.67
预制隔断板模板	m³	12.15	499.36	174.47	323.43	1.46
预制窗台板 普通钢筋 Φ5 mm	t	0.985	3 157.05	221.69	2 676.25	259.11
预制其他安装 小型构件 焊接	m³	12.15	897.64	486	235.83	175.81
现浇台阶 砼 C15	m²	225.65	8 868.05	1 432.88	7 168.9	266.27
现浇台阶模板	m²	225.65	3 398.29	1 200.46	2 118.85	78.98
预制过梁 砼 C20	m³	31.61	7 813.68	881.6	6 232.23	699.85
预制过梁模板	m³	31.61	3 041.83	813.33	2 022.09	206.41
预制过梁 普通钢筋 Φ5 mm 以上	t	2.995	8 808.89	496.15	8 225.44	87.3
预制安装 地沟盖板、过梁 人工安装	m³	31.61	563.92	557.6	6.32	
现浇贮水池 油池 无柱	m³	6.12	1 519.6	218.67	1 245.24	55.69
现浇矩形贮水池、油池盖无梁盖池壁	m³	34.56	3457.39	1 142.21	2 002.41	312.77

续附表 A1

项目名称	单位	数量	基价	合价		
				人工费	材料费	机械费
现浇贮水池、油池 普通钢筋 Φ5 mm	t	1.345	4 170.37	350.17	3 750.26	69.94
现浇散水砼垫层模板(其他)	m²	17.16	341.31	45.47	289.49	6.35
05. 金属结构工程			8 307.7	1 142.55	5 837.69	1 327.46
铁件 钢板为主制作	t	1.244	7 726.7	692.92	5 706.32	1 327.46
铁件安装 不焊接固定	t	1.244	581	449.63	131.37	
07. 屋面工程			20 705.97	3 038.6	17 629.93	37.44
屋面排水 塑料落水管(PVC)	m	500.7	12 993.17	2 243.14	10 750.03	
屋面排水 塑料雨水口(PVC)	个	34	813.28	232.9	580.38	
屋面排水 铸铁落水管直径100 mm	m	96	6 899.52	562.56	6 299.52	37.44
08. 防腐保温及防水工程			85 886.21	21 170.92	64 670.53	44.76
地沟防水 平面	m²	96	835.2	187.2	633.6	14.4
地沟防水 立面	m²	202.4	1 973.4	574.82	1 368.22	30.36
平面保温 楼地面铺聚苯乙烯泡沫塑料	m³	188.5	83 077.61	20 408.9	62 668.71	
09. 脚手架及垂直运输			429 051.7	46 527.24	96 692.97	285 831.5
多层建筑 混合结构高度20 m	m²	4 633.77	29 795.13	7 784.73	18 442.4	3 568
多层建筑 框架结构高度20 m	m²	6 248.35	58 734.48	14 183.75	39 177.15	5 373.58
商场 混合结构 20 m 以内塔吊	m²	4 633.77	133 730.6			133 730.6

续附表 A1

项目名称	单位	数量	合价				
			基价	人工费	材料费	机械费
住宅　混合结构　檐高 30 m 以内	m²	6 248.77	145 346.3	2 187.07		143 159.3
建筑物密目网垂直封闭	m²	6 163	61 445.11	22 371.69	39 073.42	
10. 楼地面工程			645 590.8	104 775.6	530 758.4	10 056.71
压路机碾压灰土垫层 3∶7	m³	2 053.79	105 030.8	23 680.2	76 626.9	4 723.72
砼垫层　C10 筏板基础	m³	435.56	90 274.17	11 006.6	75 264.77	4 002.8
整体地面面层　楼梯水泥砂浆 1∶2.5	m²	708.21	11 968.75	5 963.13	5 863.98	141.64
彩釉砖楼梯找平层　水泥砂浆 1∶3	m²	264.36	1 710.41	438.84	1 231.92	39.65
块料地面面层　彩釉砖楼梯	m²	264.36	26 393.71	5 424.67	20 942.6	26.44
块料地面面层　彩釉砖踢脚板	m	104.16	1 097.85	206.24	890.57	1.04
散水台阶坡道垫层　灰土 3∶7	m³	72.38	3 989.59	1 210.92	2 700.5	78.17
散水砼垫层　C10	m³	14.04	2 909.93	354.79	2 426.11	129.03
防滑坡道砼垫层	m³	1.37	283.95	34.62	236.74	12.59
块料地面面层　彩釉砖台阶	m²	225.65	22 892.19	3 493.06	19 374.31	24.82
整体地面面层　踢脚板水泥砂浆 1∶2.5	m²	548.1	981.1	580.99	389.15	10.96
整体地面面层　防滑坡道水泥砂浆	m²	22.9	259.22	70.07	184.8	4.35
屋面找坡炉渣　水泥石灰拌合 1∶1∶10	m³	150.8	20 333.87	4 115.33	16 218.54	
屋面找平层　水泥砂浆 1∶3	m²	1 884.93	13 232.21	3 204.38	9 688.54	339.29

续附表 A1

项目名称	单位	数量	合价			
			基价	人工费	材料费	机械费
块料地面面层 彩釉砖楼地面	m²	7 068.48	317 162.6	42 269.51	274 398.3	494.79
块料地面面层 彩釉砖楼地面	m²	391.7	27 070.39	2 722.32	24 320.65	27.42
11. 装饰工程			720 375.1	207 846.9	500 990.1	11 538.13
现浇砼天棚 水泥砂浆底面	m²	972.57	7 751.38	3 433.17	4 191.78	126.43
楼梯底板天棚 抹灰面 106 涂料二遍	m²	972.57	1 196.27	778.06	418.21	
其他 钢管栏杆	t	4.244	26 844.32	3 911.02	17 542.23	5 391.07
其他金属面调和漆油漆二遍	t	4.244	383.91	159.36	224.55	
其他 不锈钢栏杆	m	54	8 216.1	876.96	7 235.46	103.68
现浇砼天棚 水泥砂浆底面	m²	5 205.36	41 486.72	18 374.92	22 435.1	676.7
预制砼天棚 水泥砂浆底面	m²	2 454.82	22 289.76	9 696.54	12 225	368.22
砖墙面、墙裙水泥砂浆(底层)	m²	21 216.88	176 100.1	68 530.52	103 962.7	3 606.87
其他面层 墙裙 墙、柱、天棚	m²	28 877.06	35 518.79	23 101.65	12 417.14	
墙面墙裙水泥石灰砂浆结合层	m²	4 670.37	225 905.7	66 926.4	158 325.5	653.85
其他面层 砖墙水泥砂浆勾缝	m²	2 546.29	4 685.17	3 895.82	763.89	25.46
单层木门调和漆油漆二遍	m²	34.44	277.58	120.88	156.7	
砼柱面挂贴花岗岩水泥砂浆结合	m²	293.67	166 654.7	6 666.31	159 436.3	552.1
砖、砼墙面水刷豆石(面层)	m²	168.75	3 064.5	1 375.31	1 655.44	33.75

续附表 A1

项目名称	单位	数量	基价	合价		
				人工费	材料费	机械费
12. 门窗工程						
镶板门　镶木板门　不带纱门	m²	34.44	435 652.5	22 312.52	413 164.0	176
镶板门　镶木板门　不带纱门	m²	34.44	2 850.95	269.32	2 476.24	105.39
木门窗运输　运距在 3 km 以内单层	m²	34.44	438.42	130.18	308.24	
制作安装　塑料门	m²	87.48	78.87	22.73		56.14
制作安装　带亮	m²	108.72	27 047.06	468.89	26 577.3	0.87
制作安装　带纱	m²	1 170.69	35 226.37	993.7	34 231.58	1.09
制作安装　铝合金推拉窗	m²	67.2	337 591.8	19 012.01	318 568.1	11.71
制作安装　铝合金推拉门	m²	13.27	25 620.67	1 200.19	24 419.81	0.67
制作安装　铝合金平开门	座		6 798.35	215.5	6 582.72	0.13
13. 大型机械安拆一次费及场外运费	台班	1	24 381.65			24 381.65
塔式起重机基础及轨道铺拆费	台班	1	4 093.07			4 093.07
安装拆卸一次费　塔式起重机 2~6 t	台班	1	5 385.42			5 385.42
场外运输费　履带式挖掘机 1 m 以下	台班	1	3 600.94			3 600.94
场外运输费　压路机	台班	1	3 274.59			3 274.59
场外运输费　塔式起重机 2~6 t			8 027.63			8 027.63

附表 A2 电气部分的数据

项目名称	单位	数量	基价	合价		
				人工费	材料费	机械费
成套配电箱安装 悬挂嵌入式	台	6	685.26	348.6	289.92	46.74
成套配电箱安装 悬挂嵌入式	台	76	6 302.68	2 838.6	3 464.08	
总等电位联结箱安装 悬挂嵌入式	台	6	497.58	224.1	273.48	
分等电位联结箱安装 悬挂嵌入式	台	60	4 433.4	1 867.8	2 565.6	
自动空气开关 DZ 装置式	个	12	688.68	249	439.68	
组合控制开关普通型	个	398	3 562.1	2 479.54	1 082.56	
组合控制开关普通型	个	94	841.3	585.62	255.68	
仪表、电器、小母线安装测量表计	个	84	4 814.88	802.2	4 012.68	
仪表、电器、小母线安装测量表计	个	6	343.92	57.3	286.62	
方型吸顶灯大口方罩	10 套	32.7	6 533.14	1 703.02	4 830.12	
半圆球吸顶灯灯罩直径(350 mm 以内)	10 套	35.6	4 225.36	1 595.59	2 629.77	
一般壁灯	10 套	19.2	1 223.23	804.86	418.37	
一般壁灯	10 套	6	382.26	251.52	130.74	
防水防尘灯吸顶式安装	10 套	6	494.34	368.52	125.82	
方型吸顶灯大口方罩 客厅花灯 6×40 W	10 套	4.8	958.99	249.98	709.01	
方型吸顶灯大口方罩 餐厅花灯 4×40 W	10 套	4.8	958.99	249.98	709.01	
疏散指示灯吊杆式安装	10 套	9.9	1505.1	585.49	919.61	

续附表 A2

项目名称	单位	数量	基价	合价		
				人工费	材料费	机械费
安全出口标志灯吊杆式安装	10 套	5.7	866.57	337.1	529.47	
应急灯吊杆式安装	10 套	1.6	243.24	94.62	148.62	
扳式暗开关（单控）单联	10 套	24.6	485.11	433.94	51.17	
扳式暗开关（单控）双联	10 套	19	400.9	350.93	49.97	
扳式暗开关（单控）三联	10 套	0.8	17.98	15.44	2.54	
单相暗插座 15A　5 孔	10 套	110.4	3 255.69	2 520.43	735.26	
单相暗插座 15A　15 孔	10 套	6.4	352.83	285.5	67.33	
暗装接线盒	10 个	86.8	1 753.36	810.71	942.65	
暗装开关盒	10 个	154.8	2 320.45	1 541.81	778.64	
避雷网安装　沿混凝土块敷设	10 m	40.5	1765.81	773.15	582.39	410.27
钢管接地极制作安装　普通土	根	16	1 055.84	205.92	513.44	336.48
户内接地母线敷设	10 m	42	2 941.68	1 194.06	1 387.68	359.94
避雷引下线敷设　利用建筑物主筋引下	10 m	41.6	3075.9	708.03	326.56	2 041.3
避雷引下线断接卡子制作安装	10 m	0.5	61.77	37.35	24.07	0.35
管内穿线　动力线路（铜芯）导线截面	100 m	24.98	1 016.69	492.36	524.33	
管内穿线　照明线路导线截面铜芯	100 m	153.05	5 231.25	2 223.82	3 007.43	
管内穿线　照明线路导线截面	100 m	149.68	6 097.96	3 105.86	2 992.1	

191

续附表 A2

项目名称	单位	数量	基价	合价		
				人工费	材料费	机械费
砖,混凝土结构暗配钢管公称口径	100 m	8.327	2 842.01	1 508.44	958.52	375.05
砖,混凝土结构暗配钢管公称口径	100 m	45.47	13 170.84	6 793.22	5 138.11	1 239.5
砖,混凝土结构暗配钢管公称口径	100 m	46.61	12 406.19	6 528.2	4 607.4	1 270.5
送配电装置系统调试 1 kV以下交流供电	系统	1	290.03	207.5	4.64	77.89
电缆保护管暗敷设钢管(管径100～150 mm)	10 m	6	1 285.08	699.72	445.14	140.22
砖,混凝土结构暗配钢管公称口径	100 m	0.78	471.57	257.35	164.12	50.1
电气脚手架搭拆费	元	46 387.1	1 855.49	463.87	1 391.62	

附表 A3 给排水部分的数据

项目名称	单位	数量	基价	合价		
				人工费	材料费	机械费
室内镀锌钢管(螺纹连接)(125 mm以内)	10 m	5	1 031.9	378.7	604.7	48.55
室内镀锌钢管(螺纹连接)(100 mm以内)	10 m	1	202	68.27	121.64	12.09
室内镀锌钢管(螺纹连接)(50 mm以内)	10 m	34.9	3 558.76	1 940.79	1 512.92	105.05
室内镀锌钢管(螺纹连接)(40 mm以内)	10 m	16.4	1 370.06	891.67	460.68	17.71
室内镀锌钢管(螺纹连接)(32 mm以内)	10 m	10.4	862.05	474.76	376.06	11.23
室内镀锌钢管(螺纹连接)(25 mm以内)	10 m	6.6	527.54	301.29	219.12	7.13

续附表 A3

项目名称	单位	数量	基价	合价		
				人工费	材料费	机械费
镀锌薄钢板矩形风管周长（800 mm 以下）	10 m²	43.14	20 187.5	8 164.9	8 320.71	3 701.9
镀锌薄钢板矩形风管周长（2 000 mm 以下）	10 m²	87	31 327.8	11 986	15 326.7	4 014.1
软管接口	m²	346.5	54 040.1	14 812	36 784.4	2 442.8
矩形风口 T203　5 kg 以下	100 kg	6.468	7 682	3 802.2	2 766.82	1 113
柱型铸铁散热器组成安装	10 片	360.8	26 583.74	3 099.27	23 484.47	
铸铁管、暖气片刷油　带锈底漆一遍	10 m²	9.381	75.7	64.26	11.44	
铸铁管、暖气片刷油　银粉漆第一遍	10 m²	9.381	103.66	66.23	37.43	
铸铁管、暖气片刷油　银粉漆第二遍	10 m²	9.381	97.28	64.26	33.02	
室内钢管（焊接）公称直径（50 mm 以内）	10 m	32.6	2 786.32	1 346	1 141.65	298.62
室内钢管（焊接）公称直径（40 mm 以内）	10 m	9.6	684.77	360.58	245.18	79.01
室内焊接钢管（螺纹连接）（32 mm 以内）	10 m	6.8	576.3	310.42	258.54	7.34
室内焊接钢管（螺纹连接）（25 mm 以内）	10 m	16.5	1 317.53	753.23	546.48	17.82
室内焊接钢管（螺纹连接）（20 mm 以内）	10 m	161	10 229.94	6 113.1	4 116.77	
管道刷油　红丹防锈漆第一遍	10 m²	37.5	248.63	210	38.63	
管道刷油　红丹防锈漆第二遍	10 m²	37.5	244.5	210	34.5	
管道刷油　银粉漆第一遍	10 m²	9.613	89.4	55.85	33.55	
管道刷油　银粉漆第二遍	10 m²	9.613	84.4	53.83	30.57	

续附表 A3

项目名称	单位	数量	基价	合价		
				人工费	材料费	机械费
纤维类制品管道 Φ57 mm 以下 厚度(50 mm)	m³	2.95	358.07	285.86	49.91	22.3
防潮层、保护层安装 玻璃丝布管道	10 m²	7.847	77.45	76.51	0.94	
玻璃布、白布面刷油 管道调和漆第一遍	10 m²	7.847	152.94	148.15	4.79	
玻璃布、白布面刷油 管道调和漆第二遍	10 m²	7.847	132.06	128.61	3.45	
自动排气阀、手动放风阀 自动排气阀 25	个	6	86.64	33.6	53.04	
焊接法兰阀 公称直径(125 mm 以内)	个	2	425.72	49.38	324.14	52.2
焊接法兰阀 公称直径(50 mm 以内)	个	24	2427.12	244.08	1892.16	290.88
螺纹阀 公称直径(25 mm 以内)	个	96	768.96	239.04	529.92	
螺纹阀 公称直径(20 mm 以内)	个	456	2 859.12	948.48	1 910.64	
采暖系统调整费	元	57 683.24	8 652.49	1 730.5	6 921.99	
给排水、采暖、煤气脚手架搭拆费	元	57 683.24	2 884.16	721.04	2 163.12	

附表 A4　弱电部分的数据

项目名称	单位	数量	基价	合价		
				人工费	材料费	机械费
电话插座	10 套	13.2	260.3	232.85	27.6	
有线电视插座	10 套	15.6	307.6	275.18	32.4	

续附表 A4

项目名称	单位	数量	合价			
			基价	人工费	材料费	机械费
网络宽带插座	10套	4.8	94.6	84.67	9.9	
管内穿线 动力线路(铜芯)导线截面	100 m²	18.48	647.9	306.77	341.1	
管内穿线 多芯软导线(芯以内)二芯导线截面	100 m²	12	343.8	206.64	137.1	
管内穿线 宽带网线八芯导线截面	100 m²	5.76	230.2	148.2	82	
砖、混凝土结构暗配钢管公称口径	100 m	16.08	4 280	2 252.16	1 589.5	438.34

附表 A5　暖通部分的数据

项目名称	单位	数量	合价			
			基价	人工费	材料费	机械费
湿式报警装置安装 公称直径(100 mm以内)	组	4	2 211.68	571.88	1 456.88	182.9
喷头安装 公称直径(15 mm以内)有吊顶	10个	14	1 602.02	793.1	524.58	284.3
末端试水装置安装 公称直径(25 mm以内)	组	4	345.52	125.32	208.16	12.04
室内消火栓安装 单栓 公称直径65 mm	套	44	1 292.72	858.44	396.88	37.4
制作安装 管道支吊架	100 kg	3.54	1 966.05	653.77	808.47	503.8
设备支架制作安装 每组重量(0.2 t以内)	t	0.331	439.83	171.91	64.84	203
镀锌钢管(螺纹连接)公称直径(100 mm以内)	10 m	8.6	938.09	587.12	240.8	110.1
镀锌钢管(螺纹连接)公称直径(80 mm以内)	10 m	36.9	4 088.52	2 235.77	1 323.23	529.5

续附表 A5

项目名称	单位	数量	合价			
			基价	人工费	材料费	机械费
镀锌钢管（螺纹连接）公称直径（70 mm 以内）	10 m	4.5	434.66	232.52	145.71	56.4
镀锌钢管（螺纹连接）公称直径（50 mm 以内）	10 m	3.3	273.11	153.38	77.75	41.9
镀锌钢管（螺纹连接）公称直径（32 mm 以内）	10 m	55.11	3 509.95	2 161.41	827.2	521.3
镀锌钢管（螺纹连接）公称直径（25 mm 以内）	10 m	47.7	2 657.85	1 801.63	571.45	284.7
聚丙烯塑料管 DN20 mm 以内	10 m	14.4	1 679.62	268.99	1 395.65	14.9
聚丙烯塑料管 DN25 mm 以内	10 m	15.408	2 033.54	351.76	1 665.76	16
聚丙烯塑料管 DN32 mm 以内	10 m	10.8	2 121.12	246.56	1 862.14	12.4
聚丙烯塑料管 DN40 mm 以内	10 m	31.9	8 475.19	860.66	7 562.21	52.3
聚丙烯塑料管 DN50 mm 以内	10 m	4.2	1 410.45	113.32	1 289.78	7.35
聚丙烯塑料管 DN65 mm 以内	10 m	1.2	517.64	34.86	480.42	2.36
室内承插塑料排水管（150 mm 以内）	10 m	9.7	1 730.48	658.15	1 067.29	5.04
室内承插塑料排水管（100 mm 以内）	10 m	76.9	13 848.93	3 701.9	10 106.9	39.9
室内承插塑料排水管（75 mm 以内）	10 m	12.14	1 305.12	524.14	774.67	6.3
焊接法兰阀　公称直径（80 mm 以内）	个	20	3 057.8	311.2	2 317.8	428
地面扫除口 150 mm	10 个	1.7	46	42.33	3.67	
螺纹水表　公称直径（32 mm 以内）	组	48	2 604.96	557.76	2 047.2	
螺纹水表　公称直径（25 mm 以内）	组	12	535.8	119.52	416.28	

续附表 A5

项目名称	单位	数量	合价			
			基价	人工费	材料费	机械费
水龙头安装　公称直径（20 mm 以内）	10 个	4.8	32.93	27.89	5.04	
螺纹阀　公称直径（40 mm 以内）	个	48	754.08	249.12	504.96	
螺纹阀　公称直径（32 mm 以内）	个	48	496.8	149.28	347.52	
螺纹阀　公称直径（25 mm 以内）	个	12	96.12	29.88	66.24	
洗脸盆钢管组普通冷水嘴	10 组	6	4 219.68	587.64	3 632.04	
大便器安装　坐式低水箱坐便	10 组	6.8	3 206	1 133	2 072.98	
自闭式冲洗蹲式大便器安装	10 组	3.2	4 317.47	450.21	3 867.26	
淋浴器组成、安装　钢管组成冷水	10 组	6	2 467.26	278.88	2 188.38	
洗菜盆冷水	10 组	4.8	1 705.44	258.96	1 446.48	
管道刷油　红丹防锈漆第一遍	10 m²	8.55	56.69	47.88	8.81	
管道刷油　红丹防锈漆第二遍	10 m²	8.55	55.75	47.88	7.87	
管道刷油　银粉漆第一遍	10 m²	2.411	22.42	14.01	8.41	
管道刷油　银粉漆第二遍	10 m²	2.411	21.17	13.5	7.67	
管道支架制作安装一般管架	100 kg	1.03	823.18	216.72	186.99	419
玻璃布、白布面刷油　管道调和漆第一遍	10 m²	1.078	21.01	20.35	0.66	
玻璃布、白布面刷油　管道调和漆第二遍	10 m²	1.078	18.14	17.67	0.47	
给排水、采暖、煤气脚手架搭拆费	元	22 914	1 145.73	286.43	859.3	

附录 B

附表 B1　土建部分的数据

名称	工程量		价值/元	
	单位	数量	单价	合价
建筑工程				200 455 115
人工土石方　场地平整	m²	3 608.5	1.22	4 402.37
人工土石方　回填灰土　2:8	m³	9 600	37.51	360 096
打钎扫底	m²	3 239.5	2.66	8 617.07
喷射砼支护　厚 80 mm	m²	338.56	170	57 555.2
砌砖　砖基础(基础砖模)	m³	99.45	194.91	19 383.8
砌砖　砖基础(人防出口)	m³	2.7	194.91	526.26
砌砖　砖基础(残疾人坡道挡土墙)	m³	53.65	194.91	10 456.92
砌砖　砖内墙	m³	339.279	207.38	70 359.68
砌砖　砖贴砌墙 1/2	m³	101.74	246.25	25 053.48
砌砖　砖小型砌体(台阶)	m³	12.93	239.75	3 099.97
砌砖　砖小型砌体	m³	12.29	239.75	2 946.53
砌块　陶粒空心砌块　厚度(140 mm)	m³	141	189.3	26 691.3
砌块　陶粒空心砌块　厚度(190 mm)	m³	80	190.29	15 223.2
砌块　陶粒空心砌块　厚度(290 mm)	m³	37.2	189.83	7 061.68

续附表 B1

名称	工程量		价值/元	
	单位	数量	单价	合价
水泥砂浆 板 通风道	m	1 518.8	33.57	50 986.12
现浇砼构件 基础垫层 C15	m³	340.1	244.74	83 236.07
基础配重铁屑砼(容重 40 kN/m³)	m³	168.46	2 727.41	459 459.49
现浇砼构件 满堂基础 C35 抗渗砼	m³	1 804.13	331.87	598 736.62
现浇砼构件 独立基础 C35 普通砼	m³	2.6	299.47	778.62
现浇砼构件 设备基础 10 m³	m³	9.54	267.93	2 556.05
现浇砼构件 柱 C35	m³	69.85	316.37	22 098.44
现浇砼构件 构造柱 C20	m³	5.2	301.15	1 565.98
现浇砼构件 梁 C30	m³	184.4	297.47	54 853.47
现浇砼构件 基础梁 C35	m³	1.75	308.76	540.33
现浇砼构件 过梁 C20	m³	21.56	303.71	6 547.99
现浇砼构件 C35 抗渗砼(人防顶板)	m³	687.84	343.58	236 328.07
现浇砼构件 板 C30	m³	2 882.9	293.03	844 776.19
现浇砼构件 墙 C30	m³	3 044.93	295.13	898 650.19
现浇砼构件 墙 C35 抗渗砼	m³	1434	344.58	494 127.72
现浇砼构件 墙 C35	m³	3 326.84	306.11	1 018 378.99
现浇砼构件 楼梯 直形 C30	m²	979.11	85.92	84 125.13

续附表 B1

名称	工程量		价值/元	
	单位	数量	单价	合价
现浇砼构件 阳台 C30	m³	257.8	339.56	87 538.57
现浇砼构件 雨罩 C30	m³	97.7	332.58	32 493.07
现浇砼构件 栏板 C25	m³	234.41	309.39	72 524.11
现浇砼构件 台阶 C20	m³	5	295.89	1 479.45
现浇砼构件 小型构件 C20(防倒塌棚架)	m³	9.2	315.07	2 898.64
现浇砼构件 后浇带 基础底板 C40 抗渗砼	m³	33.88	403.59	13 673.63
现浇砼构件 后浇带 墙 C40 抗渗砼	m³	29.88	420.7	12 570.52
现浇砼构件 后浇带 楼板 C40 抗渗砼	m³	34.17	405.49	13 855.59
现浇砼构件 贮水池 池底 C30 普通砼	m³	1.41	294.27	414.92
现浇砼构件 贮水池 池壁 C30 普通砼	m³	4.08	313.73	1 280.02
现浇砼构件 贮水池 顶板 C30 普通砼	m³	1.264	309.06	390.65
现场预制砼构件制作安装 小型构件 C20	m³	5.74	519.05	2 979.35
现浇砼构件 满堂基础 C35 抗渗砼	m³	392	383.24	150 230.08
现浇砼模板 独立基础	m²	5.6	25.2	141.12
现浇砼模板 设备基础(集水坑内模)	m²	113.3	27.91	3 162.2
现浇砼模板 矩形柱	m²	301.24	26.43	7 961.77
现浇砼模板 构造柱	m²	51.2	21.4	1 095.68

续附表 B1

名称	工程量		价值/元	
	单位	数量	单价	合价
现浇砼模板　直型墙　大钢模	m²	84 939.7	15.73	1 336 101.48
现浇砼模板　墙后浇带	m²	237.82	22.56	5 365.22
现浇砼模板　基础梁	m²	159.4	23.58	3 758.65
现浇砼模板　矩形梁　清水模板	m²	850.32	31.77	27 014.67
现浇砼模板　平板　清水模板	m²	20 764	33.26	690 610.64
现浇砼模板　板后浇带	m²	74.04	30.84	2 283.39
现浇砼模板　楼梯　直形	m²	979.11	67.37	65 962.64
现浇砼模板　阳台、雨罩	m²	1539	33.5	51 556.5
现浇砼模板　挑檐、天沟（飘窗）	m²	1 397.16	38.33	53 553.14
现浇砼模板　栏板	m²	4 575.8	16.51	75 546.46
现浇砼模板　其他构件（防倒塌棚架）	m²	78.03	37.3	2 910.52
现浇砼模板　其他构件（过梁）	m²	340.3	37.3	12 693.19
现浇砼模板　其他构件（压顶）	m²	146.3	37.3	5 456.99
现浇砼模板　其他构件（人防水箱　墩座）	m²	67.56	37.3	2 519.99
现浇砼模板　台阶	m²	23.4	23.19	542.65
现场预制砼模板　其他构件（盖板）	m²	21.38	6.24	133.41
构筑物砼模板　池壁　矩形	m²	46.88	30.02	1 407.34

续附表 B1

名称	工程量			价值/元	
	单位	数量	单价	合价	
构筑物砼模板 无梁池盖	m²	4.56	32.29	147.24	
钢筋 Φ10 mm以内	t	544.412	3 452.95	1 879 827.42	
钢筋 Φ10 mm以外	t	2 352.755	3 401.84	8 003 696.07	
金属构件运输 二类构件 5 km以内	t	0.91	62.07	56.48	
金属构件运输 二类构件 每增加5 km	t	0.91	7.3	6.64	
金属构件制作安装 踏步式扶梯	t	0.91	6 170.91	5 615.53	
屋面保温 聚苯乙烯泡沫板	m³	288.84	280.83	81 114.94	
找坡层 水泥,粉煤灰,页岩陶粒(屋面)	m³	205.43	275.89	56 676.08	
水泥砂浆屋面找平层 20 mm 硬基层	m²	147.1	11.28	1 659.29	
屋面面层 水泥砖 浆铺	m²	2 327.8	38.29	89 131.46	
阳光板屋面(采光井)	m²	453.66	131.14	59 492.97	
屋面排水 水落管 Φ100 mm 塑料	m	932	29.76	27 736.32	
屋面排水 水落管 Φ75 mm 塑料	m	596.7	14.59	8 705.85	
屋面排水 阳台排水口	套	170	40.68	6 915.6	
屋面排水 铸铁弯头 出水口	套	56	34.46	1 929.76	
屋面排水 Φ100 mm铸铁承接水口	套	12	57.13	685.56	
屋面排水 雨水斗 塑料	套	56	37.8	2 116.8	

续附表 B1

名称	工程量		价值/元	
	单位	数量	单价	合价
水泥砂浆找平层 筏板基础底 20 mm	m²	3 433	7.37	25 301.21
水泥砂浆找平层 屋面 20 mm	m²	2360.4	7.37	17 396.15
水泥砂浆找平层 厚度(20 mm) 立面	m²	3943.4	10.24	40380.42
保护层 水泥砂浆(女儿墙、雨篷)	m²	483.4	10.08	4 872.67
保护层 水泥砂浆(地下室防水保护层)	m²	800	10.08	8 064
保护层 豆石砼(筏板底 40 mm)	m²	3 416.8	11.89	40 625.75
保护层 豆石砼(60mm)	m²	154.3	15.89	2 451.83
保护层 水泥聚苯板	m²	2659.7	66.56	177 029.63
厨房、卫生间楼地面防水 聚氨酯防水	m²	1 687.15	33.79	57 008.8
厨房、卫生间楼地面防水 聚氨酯防水	m²	-1 687.15	8.82	-14 880.66
止水带 钢板	m	189.6	15.03	2 849.69
止水带 橡胶	m	18	51.05	918.9
脚手架 全现浇结构 檐高(25 m)以上	m²	273.604 6	1 025.42	280 559.63
大型垂直运输机械使用费	m²	27 360.46	14.32	391 801.79
高层建筑超高费 檐高(45 m)以下	m²	27 360.46	8.95	244 876.12
工程水电费 住宅建筑工程	m²	27 360.46	12.04	329 419.94

续附表 B1

名称	工程量		价值/元	
	单位	数量	单价	合价
装饰工程				3 400 953.02
垫层 粗砂（主楼、附楼变形缝内填砂）	m³	22.04	128.41	2 830.16
垫层 现场搅拌 混凝土（坡道、台阶等）	m³	14.3	236.34	3 379.66
垫层 现场搅拌 细石混凝土	m³	44.05	271.13	11 943.28
垫层 陶粒混凝土	m³	1417	300.08	425 213.36
垫层 焦渣	m³	165.49	58.41	9 666.27
找平层 1:3 水泥砂浆 厚度 20 mm 硬基层上	m²	19 011.4	8.51	161 787.01
找平层 预拌细石混凝土 厚度 30 mm	m²	17.06	11.6	197.9
整体面层 1:2.5 水泥砂浆	m²	4 344.7	14.43	62 694.02
块料面层 地砖 砂浆粘贴（300×300）mm	m²	280.1	36.75	10 293.68
块料面层 地砖 砂浆粘贴（500×500）mm	m²	1 533	37.5	57 487.5
楼梯 水泥面	m²	124.08	29.57	3 669.05
楼梯 铺地砖	m²	855.03	77.32	66 110.92
踢脚 地砖	m	1 295	8.1	10 489.5
台阶 水泥	m²	32.5	24.19	786.18
台阶 地砖	m²	53.8	73.84	3 972.59
坡道 人行坡道 水刷豆石面（残疾人坡道）	m²	118.44	31.6	3 742.7

续附表 B1

名称	工程量			价值/元	
	单位	数量	单价	合价	
散水 混凝土	m²	261.16	23.11	6 035.41	
天棚面层 胶合板 穿孔 不带压条	m²	92.9	24.01	2 230.53	
天棚面层装饰 耐水腻子 现浇板	m²	23 391.06	6.02	140 814.18	
天棚面层装饰 涂料 耐擦洗涂料	m²	602	4.22	2 540.44	
天棚面层装饰 涂料 合成树酯乳液	m²	4 908	4.89	24 000.12	
天棚面层装饰 粘贴 铝塑板	m²	92.9	81.03	7 527.69	
外墙装修 一般抹灰、装饰抹灰	m²	5 657	12.25	69 298.25	
外墙装修 涂料底层抹灰 砖墙砌块	m²	441.7	12.61	5 569.84	
外墙装修 块料 釉面砖（砂浆粘贴）	m²	17.14	43.55	746.45	
内墙装修 抹灰 石灰砂浆 混凝土	m²	117.29	8.82	1 034.5	
内墙装修 抹灰 水泥砂浆砌块	m²	5 426	10.61	57 569.86	
内墙装修 抹灰 水泥砂浆（砼墙面）	m²	4 349.5	10.61	46 148.2	
内墙装修 抹灰 麻面预制陶粒混凝土条板	m²	12 989.1	9.13	118 590.48	
内墙装修 涂料及裱糊面层 乳胶漆 普通	m²	16 143.1	3.84	61 989.5	
内墙装修 涂料及裱糊面层 水泥腻子	m²	13 219.2	2.91	38 467.87	
内墙装修 涂料及裱糊面层（地下室）	m²	9 441.6	5.13	48 435.41	
内墙装修 耐水腻子 水泥面	m²	40 248.845	5.13	206 476.57	

续附表 B1

名称	工程量		价值/元	
	单位	数量	单价	合价
内墙装修 块料面层 块料底层抹灰	m²	838.54	9.29	7 790.04
内墙装修 块料面层 釉面砖（砂浆粘贴）	m²	838.54	62.96	52 794.48
零星项目 飘窗、压顶、扩散室等	m²	2 678.32	14.87	39 826.62
零星项目 耐水腻子（空调板百叶内）	m²	874.71	5.26	4 600.97
玻璃隔断 全玻璃砖 平面（人防出口）	m²	2.4	415.31	996.74
隔断 墙体保温 保温墙面 外墙外保温墙面	m²	664.43	50.44	33 513.85
隔断 聚苯板随砼浇注外保温墙面	m²	54.34	199.9	10 862.57
隔断 墙体保温 保温墙面	m²	13 571.3	52.46	711 950.4
墙体保温 聚苯板 15厚（20厚）	m²	2 372.33	32.24	76 483.92
隔断 保温层 粘贴聚苯板 厚度50 mm	m²	39	32.83	1 280.37
木门窗 胶合板门	m²	180.66	125.61	22 692.7
铝合金门窗 平开门 全玻璃	m²	129.16	446.07	57 614.4
铝合金门窗 推拉窗 双玻	m²	68.64	356.91	24 498.3
安全户门	m²	38.88	29.46	1 145.4
冷弯钢板防火门	m²	273.59	40.71	11 137.85
人防混凝土 密闭门	m²	23.6	178.66	4 216.38
人防混凝土 防密门	m²	17.2	177.74	3 057.13

续附表 B1

名称	工程量		价值/元	
	单位	数量	单价	合价
人防混凝土　门式悬板活门	m²	1.6	472.46	755.94
人防混凝土　挡窗板	m²	125.55	90.4	11 349.72
管道井防火检修门	m²	315.78	35.43	11 188.09
特殊五金　门锁　执手锁	个	87	52.83	4 596.21
特殊五金　地弹簧	个	24	73.9	1 773.6
特殊五金　金属管子拉手	个	24	33.47	803.28
其他项目　门窗后塞口　填充剂	m²	996.06	10.1	10 060.21
其他项目　窗附框	m²	68.64	68.23	4 683.31
其他项目　采光井铁艺栏杆	m²	131.84	140.29	18 495.83
其他项目　露台铁艺栏杆	m²	111.44	140.29	15 633.92
其他项目　飘窗、落地窗铁艺栏杆	m²	351.4	140.29	49 297.91
楼梯栏杆（板）不锈钢栏杆　钢化玻璃栏杆	m²	23.38	356.49	8 334.74
楼梯栏杆（板）不锈钢栏杆　有机玻璃栏杆	m²	305.9	311.14	95 177.73
楼梯栏杆（板）铁栏杆制安	t	5.688 4	4 024.36	22 892.17
通廊栏杆（板）不锈钢栏杆　栏杆	m²	223.56	231.13	51 671.42
通廊栏杆（板）不锈钢栏杆　钢化玻璃栏杆	m²	459.8	310.31	142 680.54
楼梯扶手　硬木　直形	m	450	154.4	69 480

续附表 **B1**

名称	工程量			价值/元	
	单位	数量	单价	合价	
变形缝 建筑油膏 平面（人行通道）	m	9.2	7.54	69.37	
变形缝 建筑油膏 立面（人行通道）	m	10.92	9.47	103.41	
变形缝 钢板盖面 地面 缝宽（100 mm 以内）	m	73.4	206.73	15 173.98	
变形缝 镀锌铁皮盖面 缝宽（100 mm 以外）	m	96.58	49.88	4 817.41	
变形缝 镀锌铁皮 内墙 缝宽（100 mm 以内）	m	32.16	34.35	1 104.7	
变形缝 镀锌铁皮盖面 外墙 缝宽	m	149.5	12.04	1 799.98	
变形缝 镀锌铁皮盖面 屋面 缝宽	m	98.49	49	4 826.01	
变形缝 钢筋混凝土盖面 屋面 缝宽	m	19	67.07	1 274.33	
其他项目 大理石洗漱台 带下柜	m	7.3	222.41	1 623.59	
其他项目 屋面出入孔 不带门	个	3	420.61	1 261.83	
其他项目 钢结构箱式招牌基层	m³	15.282	246.83	3 772.06	
木材面油漆 底油一遍,调和漆二遍	m²	212.58	13.39	2 846.45	
木材面油漆 底油,油色,清漆二遍	m	450	2.42	1 089	
金属面油漆 防锈漆一遍,耐酸漆二遍	t	5.688 4	777.71	4 423.93	
金属面油漆 防锈漆一遍,耐酸漆二遍 钢梯	t	0.91	509.37	463.53	
垂直运输及高层建筑超高费 檐高	工	22 646	4.47	101 227.62	

续附表 B1

名称	工程量		价值/元	
	单位	数量	单价	合价
补充分部				26 607
雨篷泄水管	个	109	5	545
厕所隔断	蹲	24	210	5 040
厨房通风道箅子	个	578	20	11 560
03.12.25 签证　零用工	工	193	38	7 334
03.12.20 签证　零用工	工	36	38	1 368
04.05.10 签证　零用工	工	20	38	760

附表 B2　电气部分的数据

名称	工程量		价值/元	
	单位	数量	单价	合价
变配电装置　不间断电源	件	3.00	49.11	147.33
电缆穿导管敷设　1 kV 铜芯电缆　电缆截面 16 mm² 以内	100 m	8.39	119.70	1 004.16
(3601-2)电缆　1 kV 铜芯电缆　电缆截面 16 mm²	m	847.29	32.61	27 630.09
电缆穿导管敷设　1 kV 铜芯电缆　电缆截面 70 mm² 以内	100 m	8.92	232.28	2 072.17
(3601-1)电缆　1 kV 铜芯电缆　电缆截面 70 mm² 以内	m	901.02	103.63	93 372.81
弱电电缆桥架安装　200 mm×100 mm	10 m	12.38	144.76	1 792.13

续附表 B2

名称	工程量		价值/元		
	单位	数量	单价	合价	
(2909-2) 弱电电缆桥架 200 mm×100 mm	m	124.42	111.00	13 810.51	
电缆 桥架安装 钢制槽式桥架 宽+高 600 mm 以下	10 m	12.67	214.49	2 717.59	
(2909-1) 电缆桥架 钢制槽式桥架 300 mm×200 mm	m	127.33	162.00	20 628.03	
接地装置制作安装 利用底板钢筋作接地极	m²	2 267.50	8.15	18 480.13	
型钢接地母线敷设 暗敷设 镀锌扁钢 40 mm×4 mm	10 m	109.34	64.33	7 033.84	
避雷网安装 沿女儿墙敷设 避雷网直径 10 mm 以内	10 m	100.04	106.39	10 643.26	
跨接地线 卫生间等电位联结	处	158.20	3.50	553.70	
跨接地线 卫生间等电位联结	处	141.00	3.50	493.50	
避雷引下线 利用结构主筋	10 m	89.55	52.44	4 696.00	
接地断接卡子制作安装	处	4.00	47.88	191.52	
总等电位箱安装	台	4.00	58.27	233.08	
局部等电位箱安装	台	6.00	58.27	349.62	
卫生间局部等电位箱安装	台	333.00	58.27	19 403.91	
成套动力配电箱柜安装 落地式 规格 9 回路以内	台	9.00	189.70	1 707.30	
成套照明配电箱安装 墙上明装 规格 4 回路以内	台	3.00	49.60	148.80	
成套照明配电箱安装 墙上明装 规格 4 回路以内	台	1.00	49.60	49.60	
成套照明配电箱安装 墙上明装 规格 8 回路以内	台	3.00	55.96	167.88	

续附表 B2

名称	工程量		价值/元	
	单位	数量	单价	合价
成套照明配电箱安装　墙上明装　规格　8 回路以内	台	2.00	55.96	111.92
成套照明配电箱安装　墙上明装　规格　8 回路以内	台	1.00	55.96	55.96
成套照明配电箱安装　墙上明装　规格　16 回路以内	台	3.00	58.92	176.76
成套照明配电箱安装　墙上明装　规格　16 回路以内	台	1.00	58.92	58.92
成套照明配电箱安装　墙上明装　规格　16 回路以内	台	6.00	58.92	353.52
成套照明配电箱安装　墙上暗装　规格　8 回路以内	台	195.00	51.85	10 110.75
磁卡式电度表箱安装　磁卡式电度表数量　2 块表	台	11.00	80.93	890.23
磁卡式电度表箱安装　磁卡式电度表数量　3~4 块表	台	55.00	94.16	5 178.80
路灯控制箱安装　控制箱(2 回路以内)	台	15.00	298.18	4 472.70
路灯控制箱安装　控制箱(6 回路以内)	台	6.00	362.68	2 176.08
配电箱体安装　配电箱半周长 1 000 mm 以内　明装	台	73.00	46.73	3 411.29
电视箱体安装　配电箱半周长 1 000 mm 以内　明装	台	69.00	46.73	3 224.37
对讲箱体安装　配电箱半周长 1 000 mm 以内　明装	台	42.00	46.73	1 962.66
电视箱体安装　配电箱半周长 1 000 mm 以内　暗装	台	189.00	49.18	9 295.02
熔断器安装　瓷插式　额定电流　30A 以内	个	3.00	9.34	28.02
(3402－3)控制装置　瓷插式　熔断器　额定电流　30 A 以内	个	3.03	15.00	45.45
熔断器箱	个	3.00	9.34	28.02

续附表 B2

名称	工程量			价值/元	
	单位	数量	单价		合价
(3402-3)控制装置 熔断器 瓷插式 额定电流 30 A 以内	个	3.03	15.00		45.45
控制按钮安装 墙上	个/套	3.00	17.53		52.59
液位安装 液位式	个/套	16.00	209.26		3 348.16
电气仪表安装 电度表 三相	块	4.00	18.43		73.72
(3402-1)控制装置 电度表 三相	个	4.00	780.00		3 120.00
阀类接线	台(个)	16.00	29.34		469.44
焊压铜接线端子 导线截面 10 mm² 以内	10个	3.00	39.37		118.11
焊压铜接线端子 导线截面 16 mm² 以内	10个	132.30	47.49		6 282.93
焊压铜接线端子 导线截面 25 mm² 以内	10个	14.40	61.53		886.03
焊压铜接线端子 导线截面 35 mm² 以内	10个	14.60	72.70		1 061.42
焊压铜接线端子 导线截面 50 mm² 以内	10个	2.40	115.95		278.28
焊压铜接线端子 导线截面 70 mm² 以内	10个	18.80	136.25		2 561.50
金属支架制作 焊装式	100 kg	4.98	656.06		3 267.18
金属支架安装 焊装式	100 kg	4.98	361.80		1 801.76
电动机检查接线 三个接线端子 导线截面 10 mm² 以内	台	22.00	31.17		685.74
焊接钢管敷设 砖混凝土结构明配 公称直径 32 mm 以内	100 m	2.89	1 667.59		4 812.66
焊接钢管敷设 砖混凝土结构明配 公称直径 40 mm 以内	100 m	1.53	2 094.18		3 204.10

续附表 B2

名称		工程量		价值/元	
		单位	数量	单价	合价
焊接钢管敷设	砖混凝土结构明配 公称直径 50 mm 以内	100 m	1.67	2 459.75	4 112.70
焊接钢管敷设	砖混凝土结构暗配 公称直径 15 mm 以内	100 m	2.30	739.89	1 701.75
焊接钢管敷设	砖混凝土结构暗配 公称直径 20 mm 以内	100 m	6.93	867.69	6 013.09
焊接钢管敷设	砖混凝土结构暗配 公称直径 20 mm 以内	100 m	25.30	867.69	21 952.56
焊接钢管敷设	砖混凝土结构暗配 公称直径 25 mm 以内	100 m	3.71	1 260.18	4 670.23
焊接钢管敷设	砖混凝土结构暗配 公称直径 32 mm 以内	100 m	0.40	1 494.56	593.34
焊接钢管敷设	砖混凝土结构暗配 公称直径 32 mm 以内	100 m	1.10	1 494.56	1 644.02
焊接钢管敷设	砖混凝土结构暗配 公称直径 32 mm 以内	100 m	0.35	1 494.56	517.12
焊接钢管敷设	砖混凝土结构暗配 公称直径 32 mm 以内	100 m	16.71	1 494.56	24 966.62
焊接钢管敷设	砖混凝土结构暗配 公称直径 32 mm 以内	100 m	0.97	1 494.56	1 454.21
焊接钢管敷设	砖混凝土结构暗配 公称直径 32 mm 以内	100 m	0.72	1 494.56	1 079.07
焊接钢管敷设	砖混凝土结构暗配 公称直径 40 mm 以内	100 m	5.18	1 875.14	9 715.10
焊接钢管敷设	砖混凝土结构暗配 公称直径 40 mm 以内	100 m	1.30	1 875.14	2 437.68
焊接钢管敷设	砖混凝土结构暗配 公称直径 40 mm 以内	100 m	0.69	1 875.14	1 288.22
焊接钢管敷设	砖混凝土结构暗配 公称直径 40 mm 以内	100 m	2.33	1 875.14	4 359.70
焊接钢管敷设	砖混凝土结构暗配 公称直径 50 mm 以内	100 m	1.83	2 218.90	4 062.81
焊接钢管敷设	砖混凝土结构暗配 公称直径 50 mm 以内	100 m	1.32	2 218.90	2 920.07

续附表 B2

名称		工程量		价值/元	
		单位	数量	单价	合价
焊接钢管敷设	砖混凝土结构暗配 公称直径 70 mm 以内	100 m	0.50	3 055.11	1 536.72
焊接钢管敷设	砖混凝土结构暗配 公称直径 80 mm 以内	100 m	3.69	4 000.44	14 749.62
焊接钢管敷设	砖混凝土结构暗配 公称直径 80 mm 以内	100 m	0.38	4 000.44	1 520.17
焊接钢管敷设	砖混凝土结构暗配 公称直径 100 mm 以内	100 m	1.31	4 854.94	6 364.83
焊接钢管敷设	砖混凝土结构暗配 公称直径 100 mm 以内	100 m	2.14	4 854.94	10 370.15
焊接钢管敷设	砖混凝土结构暗配 公称直径 125 mm 以内	100 m	0.72	6 361.10	4 579.99
焊接钢管敷设	砖混凝土结构暗配 公称直径 150 mm 以内	100 m	0.27	7 357.91	1 986.64
扣压式薄壁钢管敷设	砖混凝土结构暗配 公称直径 20 mm	100 m	365.51	753.51	275 412.43
扣压式薄壁钢管敷设	砖混凝土结构暗配 公称直径 20 mm	100 m	2.80	753.51	2 109.83
扣压式薄壁钢管敷设	砖混凝土结构暗配 公称直径 25 mm	100 m	97.49	872.74	85 079.93
扣压式薄壁钢管敷设	砖混凝土结构暗配 公称直径 25 mm	100 m	1.30	872.74	1 134.56
扣压式薄壁钢管敷设	砖混凝土结构暗配 公称直径 25 mm	100 m	49.88	872.74	43 529.65
扣压式薄壁钢管敷设	砖混凝土结构暗配 公称直径 25 mm	100 m	29.10	872.74	25 394.99
扣压式薄壁钢管敷设	砖混凝土结构暗配 公称直径 25 mm	100 m	14.90	872.74	13 003.83
扣压式薄壁钢管敷设	砖混凝土结构暗配 公称直径 32 mm	100 m	1.19	1 177.62	1 401.37
扣压式薄壁钢管敷设	砖混凝土结构暗配 公称直径 32 mm	100 m	16.38	1 177.62	19 291.77
扣压式薄壁钢管敷设	砖混凝土结构暗配 40 mm	100 m	14.62	1 399.97	20 463.36

续附表 B2

名称	工程量		价值/元	
	单位	数量	单价	合价
扣压式薄壁钢管敷设　砖混凝土结构暗配　50 mm	100 m	0.83	1 735.75	1 442.41
扣压式薄壁钢管明配　砖混凝土结构明配　20 mm	100 m	10.09	1 106.06	11 163.46
硬塑料管敷设　公称直径　15 mm 以内　暗敷设	100 m	50.10	380.77	19 076.58
硬塑料管敷设　公称直径　32 mm 以内　暗敷设	100 m	5.21	796.42	4 149.35
管内穿铜芯线　照明线路　导线截面　2.5 mm² 以内	100 m	573.90	42.17	24 201.36
(3501－1)绝缘导线　照明线路　截面　2.5 mm² 以内	m	66 572.40	0.60	39 943.44
管内穿铜芯线　照明线路　导线截面　4 mm² 以内	100 m	7.29	42.36	308.93
(3501－2)绝缘导线　截面　4 mm² 以内	m	845.99	0.90	761.39
管内穿铜芯线　动力线路　导线截面　2.5 mm² 以内	100 m	491.89	28.40	13 969.70
(3501－1)绝缘导线　动力线路　截面　2.5 mm² 以内	m	51 648.56	0.60	30 989.13
管内穿铜芯线　动力线路　导线截面　4 mm² 以内	100 m	321.00	32.87	10 551.18
(3501－2)绝缘导线　动力线路　截面　4 mm² 以内	m	33 704.72	0.90	30 334.25
管内穿铜芯线　动力线路　导线截面　6 mm² 以内	100 m	6.52	32.98	214.98
(3501－3)绝缘导线　动力线路　截面　6 mm² 以内	m	684.44	1.30	889.78
管内穿铜芯线　动力线路　导线截面　10 mm² 以内	100 m	2.48	34.22	84.87
(3501－4)绝缘导线　动力线路　截面　10 mm² 以内	m	260.40	2.45	637.98
管内穿铜芯线　动力线路　导线截面　16 mm² 以内	100 m	58.25	34.34	2 000.24

续附表 B2

名称	工程量		价值/元	
	单位	数量	单价	合价
(3501-5)绝缘导线 截面 16 mm² 以内	m	6 116.04	3.60	22 017.74
管内穿铜芯线 动力线路 截面 25 mm² 以内	100 m	10.86	56.80	616.97
(3501-6)绝缘导线 截面 25 mm² 以内	m	1 140.53	6.00	6843.19
管内穿铜芯线 动力线路 截面 35 mm² 以内	100 m	10.02	57.25	573.47
(3501-7)绝缘导线 截面 35 mm² 以内	m	1 051.79	8.00	8 414.28
管内穿铜芯线 动力线路 截面 50 mm² 以内	100 m	1.61	108.65	174.84
(3501-8)绝缘导线 截面 50 mm² 以内	m	168.97	16.84	2 845.39
管内穿铜芯线 动力线路 截面 70 mm² 以内	100 m	4.00	109.00	436.00
(3501-9)绝缘导线 截面 70 mm² 以内	m	420.00	24.30	10 206.00
接线盒安装 钢制接线盒 86H 暗装 砼结构	10个	1 000.60	99.29	99 349.57
接线盒安装 钢制接线盒 86H 暗装 砼结构	10个	158.20	99.29	15 707.68
接线盒安装 钢制接线盒 86H 暗装 砼结构	10个	4.80	99.29	476.59
接线盒安装 钢制接线盒 86H 暗装 砼结构	10个	130.10	99.29	12 917.63
接线盒安装 钢制接线盒 86H 暗装 砼结构	10个	53.20	99.29	5 282.23
接线盒安装 钢制接线盒 86H 暗装 砼结构	10个	18.90	99.29	1 876.58
接线盒安装 钢制接线盒 86H 暗装 砼结构	10个	44.40	99.29	4 408.48
接线盒安装 钢制灯头盒 T1-T4 暗装 砼结构	10个	376.50	101.17	38 090.51

续附表 B2

名称	工程量		价值/元	
	单位	数量	单价	合价
接线盒安装　接线盒盖	10个	158.20	21.69	3431.36
人防预留过墙管（管口密封）管径50 mm以内	根	34.00	23.68	805.12
普通灯具安装　不带罩　座灯头	套	2 826.00	8.05	22 749.30
普通灯具安装　声光控　座灯头	套	161.00	11.87	1 911.07
壁灯安装　普通壁灯　单罩	套	5.00	11.17	55.85
(2701-3)灯具　普通壁灯　单罩	套	5.05	21.00	106.05
荧光灯安装　吊链安装（无吊顶处）1×40W	套	24.00	22.97	551.28
(2701-1)灯具　荧光灯　1×40 W	套	24.24	31.00	751.44
荧光灯安装　吊链安装（无吊顶处）2×40 W	套	244.00	31.48	7 681.12
(2701-9)吊链荧光灯　2×40W	套	246.44	41.50	10 227.26
荧光灯安装　吊杆安装（无吊顶处）2×40W	套	24.00	30.64	735.36
(2701-10)吊杆荧光灯　2×40W	套	24.24	49.50	1 199.88
荧光灯安装　吊杆安装（无吊顶处）2×40 W	套	8.00	30.64	245.12
(2701-2)吊杆荧光灯（带蓄电池）2×40 W	套	8.08	95.00	767.60
工矿灯具安装　防水防尘灯　弯杆式	套	20.00	14.11	282.20
(2701-4)灯具　防水防尘灯　弯杆式	套	20.20	21.00	424.20
工矿灯具安装　防水防尘灯　吸顶式	套	2.00	13.15	26.30

续附表 B2

名称	工程量		价值/元	
	单位	数量	单价	合价
(2701-5)灯具 防水防尘灯 吸顶式	套	2.02	18.00	36.36
电梯井管道井安装 防潮灯	套	327.00	10.07	3 292.89
(2701-6)灯具 电梯井防潮壁灯	套	330.27	18.00	5 944.86
出口标志灯安装 标志灯 明装	套	98.00	23.30	2 283.40
(2701-7)出口标志灯 明装	套	98.98	90.00	8 908.20
疏散指示灯安装 标志灯 明装	套	26.00	23.30	605.80
(2701-8)疏散指示灯 明装	套	26.26	90.00	2 363.40
开关安装 跷板式暗开关(单控)单联	套	1 885.00	3.07	5 786.95
开关安装 跷板式暗开关(单控)双联	套	690.00	3.33	2 297.70
开关安装 跷板式暗开关(单控)三联	套	197.00	3.51	691.47
开关安装 跷板式暗开关(双控)单联	套	410.00	3.15	1 291.50
插座安装 明插座 三相 15A以下	套	4.00	5.68	22.72
插座安装 暗插座(单相)单联	套	1 096.00	3.00	3 288.00
插座安装 暗插座(单相)双联	套	4 532.00	4.21	19 079.72
局部照明变压器安装 变压器容量 300 VA以下	台	1.00	12.93	12.93
电铃安装 电铃直径 200 mm以内	套	7.00	15.54	108.78
(2605-1)电铃 电铃直径 直径 200 mm以内	个	7.00	28.00	196.00

续附表 B2

名称	工程量		价值/元	
	单位	数量	单价	合价
风扇安装　单相排风扇	台	5.00	21.14	105.70
送配电装置系统调试试验调整　交流　1 kV 以下	台	6.00	234.15	1 404.90
接地电阻试验	次	12.00	28.88	346.56
补充内容	项	1.00	104.00	15 288.00
(2-1)穿刺线夹　KZ2-95	个	147.00		

附表 B3　通风工程部分的数据

名称	工程量		价值/元	
	单位	数量	单价	合价
室内管道安装　镀锌钢管(螺纹连接)公称直径(15 mm 以内)	m	11.40	13.69	156.07
镀锌钢板圆形风管安装(δ=1.2 mm 以内)　咬口　直径(320 mm 以内)	m²	12.50	24.54	306.85
镀锌钢板矩形风管安装(δ=1.2 mm 以内)　咬口　大边长(320 mm 以内)	m²	14.88	20.96	311.78
镀锌钢板矩形风管安装(δ=1.2 mm 以内)　咬口　大边长(630 mm 以内)	m²	20.70	14.46	299.37
镀锌钢板矩形风管安装(δ=1.2 mm 以内)　咬口　大边长(1 000 mm 以内)	m²	17.50	9.56	167.30
镀锌钢板矩形风管安装(δ=1.2 mm 以内)　咬口　大边长(1 250 mm 以内)	m²	28.68	9.93	284.83
普通钢板矩形风管安装(δ=2 mm 以内)　焊接　大边长(320 mm 以内)	m²	118.09	22.01	2 599.09
普通钢板矩形风管安装(δ=2 mm 以内)　焊接　大边长(450 mm 以内)	m²	28.42	15.46	439.44

续附表 B3

名称	工程量		价值/元		
	单位	数量	单价	合价	
普通钢板矩形风管安装（δ＝2 mm 以内　焊接）大边长（630 mm 内）	m²	64.07	11.13	713.09	
普通钢板矩形风管安装（δ＝2 mm 以内　焊接）大边长（1 250 mm 内）	m²	3.94	9.89	38.93	
普通钢板圆形风管安装（δ＝3 mm 以内　焊接）直径（630 mm 内）	m²	1.55	15.94	24.75	
静压箱安装　大边长（1 250 mm 以内）	m²	6.78	18.89	128.07	
通风管道检测　漏风量测试	10 m²	37.42	9.12	341.27	
通风管道场外运输　场外运输	10 m²	38.15	29.21	1 114.36	
圆形柔性软管安装　直径（250 mm 以内）长度（500 mm 以内）	节	4.00	21.71	86.84	
圆形柔性软管安装　直径（250 mm 以内）长度（500 mm 以内）	节	2.00	21.71	43.42	
圆形柔性软管安装　直径（300 mm 以内）长度（500 mm 以内）	节	7.00	25.39	177.73	
圆形柔性软管安装　直径（400 mm 以内）长度（500 mm 以内）	节	1.00	32.54	32.54	
圆形柔性软管安装　直径（800 mm 以内）长度（500 mm 以内）	节	2.00	32.54	65.08	
矩形柔性软管安装　周长（2 400 mm 以内）	节	1.00	34.41	34.41	
矩形柔性软管安装　周长（3 200 mm 以内）	节	2.00	45.47	90.94	
防火阀安装　250 mm×100 mm	个	2.00	63.62	127.24	
防火阀安装　300 mm×100 mm	个	1.00	63.62	63.62	
防火阀安装　400 mm×160 mm	个	1.00	63.62	63.62	
防火阀安装　400 mm×200 mm	个	1.00	63.62	63.62	

续附表 B3

名称	工程量		价值/元	
	单位	数量	单价	合价
防火阀安装　630 mm×320 mm	个	1.00	96.75	96.75
防火阀安装　1 100 mm×320 mm	个	1.00	126.81	126.81
防火阀安装　Φ200 mm	个	2.00	42.53	85.06
双层百叶风口安装　160 mm×160 mm	个	2.00	14.30	28.60
双层百叶风口安装　500 mm×500 mm	个	4.00	35.07	140.28
带调节阀（过滤器）百叶风口安装　250 mm×100 mm	个	6.00	17.89	107.34
带调节阀（过滤器）百叶风口安装　200 mm×100 mm	个	3.00	17.89	53.67
带调节阀（过滤器）百叶风口安装　160 mm×100 mm	个	32.00	17.89	572.48
矩形网式风口制作安装　周长（1 500 mm 以内）	个	12.00	21.58	258.96
阻抗式消声器安装　周长（2 400 mm 以内）	节	1.00	195.37	195.37
消声弯头安装　周长（1 800 mm 以内）	个	1.00	114.05	114.05
轴流式通风机安装　型号（3＃以内）	台	4.00	91.78	367.12
轴流式通风机安装　型号（3＃以内）	台	1.00	91.78	91.78
轴流式通风机安装　型号（5＃以内）	台	2.00	127.86	255.72
轴流式通风机安装　型号（6＃以内）	台	1.00	153.98	153.98
风机箱安装　风量（5 000 m³/h 以内） 吊装	台	1.00	253.39	253.39
风机箱安装　风量（5 000 m³/h 以内） 吊装	台	1.00	253.39	253.39

续附表 B3

名称		工程量		价值/元	
	单位	数量	单价	合价	
设备支架制作安装　每个支架重量(20 kg 以内)	10kg	78.50	94.19	7 393.92	
地下人防设备安装　过滤吸收器(300 型)	台	2.00	119.33	238.66	
地下人防设备安装　过滤吸收器(500 型)	台	2.00	267.43	534.86	
地下人防设备安装　两用风机	台	2.00	49.05	98.10	
地下人防设备安装　两用风机	台	2.00	49.05	98.10	
地下人防设备安装　除湿机	台	2.00	437.06	874.12	
人防设备支架制作安装　两用风机钢支架	台	4.00	190.37	761.48	
人防设备支架制作安装　过滤吸收器　钢支架(300#)	台	1.00	126.17	126.17	
人防设备支架制作安装　过滤吸收器　叠式安装支架(500 #二台)	台	2.00	221.97	443.94	
普通钢板风管安装(δ=3 mm 以内　焊接)圆形直径(200 mm 以内)	m²	9.62	49.39	475.13	
普通钢板风管安装(δ=3 mm 以内　焊接)圆形直径(300 mm 以内)	m²	25.27	32.37	817.99	
普通钢板风管安装(δ=3 mm 以内　焊接)圆形直径(400 mm 以内)	m²	29.52	25.19	743.61	
密闭套管制作安装　直径(250 mm 以内)Ⅰ型	个	9.00	77.87	700.83	
密闭套管制作安装　直径(560 mm 以内)Ⅰ型	个	18.00	174.06	3133.08	
自动排气阀安装　直径(250 mm 以内)	个	6.00	283.01	1698.06	
手动密闭阀安装　手动密闭阀(直径 200 mm 以内)	个	4.00	93.34	373.36	
手动密闭阀安装　手动密闭阀(直径 300 mm 以内)	个	3.00	150.45	451.35	

续附表 B3

名称		工程量		价值/元	
		单位	数量	单价	合价
手动密闭阀安装 手动密闭阀(直径 400 mm 以内)		个	10.00	203.96	2 039.60
人防部件及其他 风管插板门 周长(1 200 mm 以内)		个	5.00	76.53	382.65
人防部件及其他 风管插板门 周长(2 400 mm 以内)		个	5.00	112.75	563.75
人防部件及其他 插板封堵 200 mm		个	1.00	8.36	8.36
人防部件及其他 风口密闭盖板		个	1.00	71.92	71.92
人防部件及其他 测压装置		套	2.00	221.86	443.72
通风管道刷漆 防锈漆 第一遍		m²	287.26	3.48	999.66
通风管道刷漆 防锈漆 第二遍		m²	287.26	2.57	738.26
通风管道刷漆 防火漆 第一遍		m²	287.26	8.45	2 427.35
通风管道刷漆 防火漆 第二遍		m²	287.26	8.31	2 387.13
型钢刷漆 防锈漆 第一遍		100 kg	7.85	28.56	224.20
型钢刷漆 防锈漆 第二遍		100 kg	7.85	19.96	156.69
型钢刷漆 防火漆 第一遍		100 kg	7.85	51.09	401.06
型钢刷漆 防火漆 第二遍		100 kg	7.85	40.92	321.22

附表 B4 采暖工程部分的数据

名称	工程量			价值/元	
	单位	数量	单价	合价	
室内低压镀锌钢管(螺纹连接)公称直径(15 mm以内)	m	673.00	12.37	8 325.01	
室内低压焊接钢管(螺纹连接)公称直径(20 mm以内)	m	2 628.00	12.64	33 217.92	
室内低压焊接钢管(螺纹连接)公称直径(25 mm以内)	m	458.60	17.08	7 832.89	
室内低压焊接钢管(螺纹连接)公称直径(32 mm以内)	m	179.10	19.61	3 512.15	
室内低压焊接钢管(螺纹连接)公称直径(40 mm以内)	m	125.60	22.64	2 843.58	
室内低压焊接钢管(螺纹连接)公称直径(50 mm以内)	m	243.30	26.45	6 435.29	
室内低压焊接钢管(螺纹连接)公称直径(70 mm以内)	m	233.80	32.65	7 633.57	
室内低压焊接钢管(螺纹连接)公称直径(80 mm以内)	m	196.00	38.69	7 583.24	
铜闸阀 公称直径(15 mm以内)	个	1 458.00	5.29	7 712.82	
(1901-1)铜闸阀 公称直径(15 mm以内)	个	1 472.58	35.00	51 540.30	
温控阀 公称直径(15 mm以内)	个	1 458.00	5.29	7 712.82	
铜闸阀 公称直径(20 mm以内)	个	297.00	5.68	1 686.96	
(1901-3)铜闸阀 公称直径(20 mm以内)	个	299.97	35.00	10 498.95	
温控阀 公称直径(20 mm以内)	个	177.00	5.68	1 005.36	
铜闸阀 公称直径(25 mm以内)	个	12.00	7.06	84.72	
(1901-4)铜闸阀 公称直径(25 mm以内)	个	12.12	35.00	424.20	
低压自动排气阀 公称直径(20 mm以内)	个	98.00	4.61	451.78	

续附表 B4

名称	工程量		价值/元	
	单位	数量	单价	合价
(1901-6)低压自动排气阀 公称直径(20 mm以内)	个	98.98	25.00	2 474.50
低压自动排气阀 公称直径(25mm以内)	个	12.00	6.97	83.64
(1901-7)低压自动排气阀 公称直径(25 mm以内)	个	12.12	25.00	303.00
低压手动放风门 公称直径(10 mm以内)	个	1 648.00	2.24	3 691.52
平衡阀 公称直径(50 mm以内)	个	5.00	55.43	277.15
(1901-10)平衡闸阀 公称直径(50 mm以内)	个	5.00	617.00	3 085.00
平衡阀 公称直径(70 mm以内)	个	6.00	70.87	425.22
(1901-11)平衡阀 公称直径(70 mm以内)	个	6.00	704.00	4 224.00
铸钢闸阀 公称直径(80 mm以内)	个	12.00	77.86	934.32
(1901-8)铸钢闸阀 公称直径(80 mm以内)	个	12.00	320.00	3 840.00
四氟蝶阀 公称直径(50 mm以内)	个	10.00	51.08	510.80
(1901-12)四氟蝶阀 公称直径(50 mm以内)	个	10.00	320.00	3 200.00
四氟蝶阀 公称直径(70 mm以内)	个	12.00	68.80	825.60
(1901-9)四氟蝶阀 公称直径(70 mm以内)	个	12.00	320.00	3 840.00
防爆波阀 公称直径(25 mm以内)	个	6.00	46.67	280.02
(1901-14)防爆波阀 公称直径(25 mm以内)	个	6.00	380.00	2 280.00
铸铁散热器组成与安装 柱型 落地安装	片	1 678.00	3.86	6 477.08

续附表 B4

名称	工程量		价值/元	
	单位	数量	单价	合价
（2001－1）散热器 柱型 落地安装	片	1 694.78	20.00	33 895.60
铸铁散热器组成与安装 柱型 挂装	片	26.00	5.44	141.44
（2001－3）散热器 柱型 挂装	片	26.26	20.00	525.20
钢制板式散热器 双板 H600 mm×1 000 mm以内	组	583.00	20.35	11 864.05
钢制板式散热器 双板 H600 mm×2 000 mm以内	组	867.00	23.54	20 409.18
金属软管安装 公称直径（20 mm以内）	根	2.00	4.49	8.98
金属软管安装 螺纹连接 公称直径（32 mm以内）	根	2.00	7.21	14.42
波纹（套筒）伸缩器安装（法兰连接）公称直径（50 mm以内）	个	10.00	68.34	683.40
（1815－1）伸缩器 公称直径（50 mm以内）	套	10.00	665.00	6 650.00
波纹（套筒）伸缩器安装（法兰连接）公称直径（70 mm以内）	个	12.00	89.31	1071.72
（1815－2）伸缩器 公称直径（70 mm以内）	套	12.00	861.00	10 332.00
户用一体化热量表安装 Φ20 mm	组	200.00	92.59	18 518.00
户用一体化热量表安装 Φ25 mm	组	11.00	95.65	1 052.15
户用一体化热量表安装 Φ32 mm	组	1.00	95.65	95.65
柔性防水套管制作 公称直径（20 mm以内）	个	4.00	145.07	580.28
柔性防水套管制作 公称直径（25 mm以内）	个	8.00	146.26	1 170.08
柔性防水套管制作 公称直径（80 mm以内）	个	24.00	220.99	5 303.76

名称	工程量		价值/元	
	单位	数量	单价	合价
柔性防水套管安装 公称直径(50 mm 以内)	个	12.00	13.59	163.08
柔性防水套管安装 公称直径(100 mm 以内)	个	24.00	13.82	331.68
一般填料套管制作安装 公称直径(20 mm 以内)	个	2131.00	6.61	14 085.91
一般填料套管制作安装 公称直径(25 mm 以内)	个	53.00	7.67	406.51
一般填料套管制作安装 公称直径(32 mm 以内)	个	50.00	9.33	466.50
一般填料套管制作安装 公称直径(40 mm 以内)	个	44.00	12.29	540.76
一般填料套管制作安装 公称直径(50 mm 以内)	个	96.00	15.62	1 499.52
一般填料套管制作安装 公称直径(70 mm 以内)	个	84.00	20.02	1 681.68
一般填料套管制作安装 公称直径(80 mm 以内)	个	32.00	28.18	901.76
管道支架制作安装 制作 室内管道 一般管架	100 kg	3.99	568.93	2 272.02
安装 室内管道 一般管架	100 kg	3.99	249.40	995.98
水冲洗 公称直径(50 mm 以内)	100 m	201.08	96.31	19 366.40
水冲洗 公称直径(100 mm 以内)	100 m	4.30	113.41	487.44
钢管刷漆 防锈漆 第一遍	m²	597.50	5.19	3 101.03
钢管刷漆 沥青漆 第一遍	m²	430.50	4.82	2 075.01
钢管刷漆 沥青漆 第二遍	m²	430.50	2.89	1 244.15
钢管刷漆 防火漆 第一遍	m²	430.50	4.18	1 799.49

续附表 B4

名称	工程量			价值/元	
	单位	数量	单价	合价	
铸铁管及铸铁炉片刷漆　防锈漆　一遍	m²	427.50	3.84	1 641.60	
铸铁管及铸铁炉片刷漆　银粉漆　第一遍	m²	427.50	2.15	919.13	
铸铁管及铸铁炉片刷漆　银粉漆　第二遍	m²	427.50	2.05	876.38	
金属构件及支架刷漆　防锈漆　第一遍	100 kg	3.99	42.66	170.36	
金属构件及支架刷漆　银粉漆　第一遍	100 kg	3.99	21.77	86.94	
金属构件及支架刷漆　银粉漆　第二遍	100 kg	3.99	21.21	84.70	
布面刷漆　防火漆　第一遍	m²	435.80	23.94	10 433.05	
管道保温　岩棉管壳　Φ57 mm 以内	m³	8.17	422.56	3 452.32	
管道保温　岩棉管壳　Φ57 mm 以上	m³	2.03	344.60	700.92	
保护层　管道　缠铝箔	m²	71.00	8.29	588.59	
保护层　管道设备　缠玻璃丝布	m²	435.80	4.26	1 856.51	
密闭套管制作安装　直径(250 mm 以内)Ⅰ型	个	6.00	77.61	465.66	
塑料管管热熔连接　管外径(20 mm 以内,人工×0.7)	m	1 335.00	2.85	3 804.75	
塑料管管热熔连接　管外径(20 mm 以内)	m	1335.00	3.36	4 485.60	
塑料管管热熔连接　管外径(25 mm 以内,人工×0.7)	m	14 375.80	3.29	47 296.38	
塑料管管热熔连接　管外径(25 mm 以内)	m	14 375.80	3.91	56 209.38	
钢塑转换弯头	个	390.00			

续附表 B4

名称	工程量		价值/元	
	单位	数量	单价	合价
钢塑转换接头	个	390.00		
热熔三通	个	2 900.00		
热熔弯头	个	4 626.00		
热熔直接	个	2 070.00		
内牙转换接头	个	2 900.00		
DN20 泄水铜丝堵	个	564.00	2.00	1 128.00
DN25 泄水铜丝堵	个	6.00	2.00	12.00
DN50 钢丝堵	个	10.00	2.00	20.00
DN70 钢丝堵	个	12.00	2.00	24.00

附表 B5　给排水工程部分的数据

名称	工程量		价值/元	
	单位	数量	单价	合价
室内低压镀锌钢管(螺纹连接) 公称直径(15 mm以内)	m	30.00	26.31	789.30
室内低压镀锌钢管(螺纹连接) 公称直径(15 mm以内)	m	39.50	12.37	488.62
室内低压镀锌钢管(螺纹连接) 公称直径(20 mm以内)	m	111.10	25.32	2 813.05
室内低压镀锌钢管(螺纹连接) 公称直径(20 mm以内)	m	428.20	14.10	6 037.62

续附表 B5

名称	工程量			价值/元	
	单位	数量	单价		合价
室内低压镀锌钢管(螺纹连接) 公称直径(25 mm 以内)	m	318.50	30.27		9 641.00
室内低压镀锌钢管(螺纹连接) 公称直径(25 mm 以内)	m	298.80	18.90		5 647.32
室内低压镀锌钢管(螺纹连接) 公称直径(25 mm 以内)	m	427.85	18.90		8 086.37
室内低压镀锌钢管(螺纹连接) 公称直径(32 mm 以内)	m	382.70	34.64		13 256.73
室内低压镀锌钢管(螺纹连接) 公称直径(32 mm 以内)	m	678.60	21.96		14 902.06
室内低压镀锌钢管(螺纹连接) 公称直径(40 mm 以内)	m	176.40	39.23		6 920.17
室内低压镀锌钢管(螺纹连接) 公称直径(40 mm 以内)	m	3.80	25.78		97.96
室内低压镀锌钢管(螺纹连接) 公称直径(50 mm 以内)	m	298.30	45.15		13 468.25
室内低压镀锌钢管(螺纹连接) 公称直径(50 mm 以内)	m	292.90	30.99		9 076.97
室内低压镀锌钢管(螺纹连接) 公称直径(50 mm 以内)	m	1 965.30	30.99		60 904.65
室内低压镀锌钢管(螺纹连接) 公称直径(70 mm 以内)	m	310.40	55.80		17 320.32
室内低压镀锌钢管(螺纹连接) 公称直径(70 mm 以内)	m	34.30	38.69		1 327.07
室内低压镀锌钢管(螺纹连接) 公称直径(80 mm 以内)	m	137.60	67.32		9 263.23
室内低压镀锌钢管(螺纹连接) 公称直径(100 mm 以内)	m	21.50	83.61		1 797.62
室内排水铸铁管(水泥接口) 公称直径(50 mm 以内)	m	45.20	28.26		1 277.35
室内排水铸铁管(水泥接口) 公称直径(75 mm 以内)	m	71.20	38.49		2 740.49
室内排水铸铁管(水泥接口) 公称直径(100 mm 以内)	m	530.85	52.76		28 007.65

续附表 B5

名称	工程量		价值/元	
	单位	数量	单价	合价
室内排水铸铁管(水泥接口)　公称直径(150 mm 以内)	m	382.08	68.12	26 027.29
室内铝塑复合管(管件连接)　管外径(20 mm 以内)	m	5 159.00	2.15	11 091.85
室内铝塑复合管(管件连接)　管外径(20 mm 以内)	m	2 726.30	2.15	5 861.55
室内铝塑复合管(管件连接)　管外径(25 mm 以内)	m	5 651.40	2.61	14 750.15
室内铝塑复合管(管件连接)　管外径(25 mm 以内)	m	3 406.60	2.61	8 891.23
室内铝塑复合管(管件连接)　管外径(32 mm 以内)	m	93.00	2.90	269.70
室内 PVC－U 排水塑料管(粘接)　管外径(50 mm 以内)	m	1 539.60	15.35	23 632.86
室内 PVC－U 排水螺旋塑料管(粘接)　管外径(100 mm 以内)	m	1 804.75	45.55	82 206.36
室内 PVC－U 排水塑料管(粘接)　管外径(100 mm 以内)	m	457.30	45.55	20 830.02
室外低压镀锌钢管(螺纹连接)　公称直径(15 mm 以内)	m	7.00	12.24	85.68
室外低压镀锌钢管(螺纹连接)　公称直径(20 mm 以内)	m	10.50	14.20	149.10
室外低压镀锌钢管(螺纹连接)　公称直径(25 mm 以内)	m	3.50	19.12	66.92
室外低压镀锌钢管(螺纹连接)　公称直径(32 mm 以内)	m	31.50	24.65	776.48
室外低压镀锌钢管(螺纹连接)　公称直径(50 mm 以内)	m	49.00	35.30	1729.70
室外排水铸铁管埋设　水泥接口　公称直径(100 mm 以内)	m	52.50	61.09	3 207.23
室外排水铸铁管埋设　水泥接口　公称直径(150 mm 以内)	m	56.00	112.56	6 303.36
铜截止阀　公称直径(15 mm 以内)	个	6.00	5.29	31.74

续附表 B5

名称	工程量		价值/元	
	单位	数量	单价	合价
(1901-13)铜截止阀　公称直径(15 mm以内)	个	6.06	35.00	212.10
铜截止阀　公称直径(20 mm以内)	个	18.00	5.68	102.24
(1901-8)铜截止阀　公称直径(20 mm以内)	个	18.18	35.00	636.30
铜截止阀　公称直径(25 mm以内)	个	17.00	7.06	120.02
(1901-12)铜截止阀　公称直径(25 mm以内)	个	17.17	35.00	600.95
铜截止阀　公称直径(32 mm以内)	个	49.00	9.38	459.62
(1901-7)铜截止阀　公称直径(32 mm以内)	个	49.49	35.00	1732.15
铜截止阀　公称直径(40 mm以内)	个	16.00	14.40	230.40
(1901-6)铜截止阀　公称直径(40 mm以内)	个	16.16	35.00	565.60
铜截止阀　公称直径(50 mm以内)	个	18.00	16.23	292.14
(1901-4)铜截止阀　公称直径(50 mm以内)	个	18.18	35.00	636.30
止回阀　公称直径(50 mm以内)	个	19.00	16.23	308.37
(1901-5)止回阀　公称直径(50 mm以内)	个	19.19	43.00	825.17
铜闸阀　公称直径(50 mm以内)	个	27.00	16.23	438.21
(1901-9)铜闸阀　公称直径(50 mm以内)	个	27.27	320.00	8 726.40
蝶阀　公称直径(70 mm以内)	个	7.00	68.80	481.60
(1901-1)蝶阀　公称直径(70 mm以内)	个	7.00	320.00	2 240.00

续附表 B5

名称	工程量		价值/元	
	单位	数量	单价	合价
低压蝶阀门　1.0 MPa 以内　公称直径(100 mm 以内)	个	1.00	98.74	98.74
(1901 - 11)蝶阀　公称直径(100 mm 以内)	个	1.00	320.00	320.00
防爆波阀　公称直径(50 mm 以内)	个	8.00	68.32	546.56
(1901 - 3)防爆波阀　公称直径(50 mm 以内)	个	8.00	470.00	3 760.00
防爆波阀　公称直径(70 mm 以内)	个	2.00	90.25	180.50
(1901 - 2)防爆波阀　公称直径(70 mm 以内)	个	2.00	470.00	940.00
台式洗脸盆安装　钢管连接　冷	组	8.00	100.42	803.36
(2103 - 1)洗脸盆　冷	件	8.08	45.00	363.60
挂架洗脸盆安装　钢管连接　挂架脸盆	组	4.00	100.42	401.68
(2103 - 2)洗脸盆	件	4.04	35.00	141.40
淋浴器组成、安装　钢管组成	组	4.00	76.72	306.88
大便器安装　蹲便器　自闭阀	组	18.00	211.24	3 802.32
(2109 - 2)大便器　自闭阀	件	18.18	18.00	327.24
大便器安装　坐便器　连体式	组	6.00	28.92	173.52
(2109 - 1)大便器　连体式	件	6.06	180.00	1 090.80
挂斗式小便器安装　自闭式	组	11.00	115.49	1 270.39
(2108 - 1)小便器　自闭式	件	11.11	75.00	833.25

续附表 B5

名称	工程量		价值/元	
	单位	数量	单价	合价
水嘴安装 公称直径(15 mm 以内)	个	2.00	5.74	11.48
铸铁地漏安装 公称直径(50 mm 以内)	个	18.00	7.07	127.26
(1601－1)铸铁地漏安装 公称直径(50 mm 以内)	个	18.00	21.00	378.00
铸铁地漏安装 公称直径(100 mm 以内)	个	2.00	16.04	32.08
(1601－2)铸铁地漏 公称直径(100 mm 以内)	个	2.00	21.00	42.00
四通地漏安装 公称直径(50 mm 以内)塑料	个	398.00	7.53	2 996.94
(2118－2)四通地漏 公称直径(50 mm 以内)塑料	个	398.00	21.00	8 358.00
侧通地漏安装 公称直径(50 mm 以内)塑料	个	169.00	7.53	1 272.57
(2118－1)侧通地漏 公称直径(50 mm 以内)塑料	个	169.00	21.00	3 549.00
铸铁地面扫除口安装 公称直径(50 mm 以内)	组	2.00	11.13	22.26
铸铁地面扫除口安装 公称直径(80 mm 以内)	组	10.00	18.32	183.20
铸铁地面扫除口安装 公称直径(100 mm 以内)	组	74.00	25.84	1 912.16
排水附件安装 地面扫除口安装 公称直径(100 mm 以内)	组	40.00	25.84	1 033.60
铸铁地面扫除口安装 公称直径(150 mm 以内)	组	47.00	51.96	2 442.12
整体水箱安装 水箱总容量(12.4 m³ 以内)	台	2.00	232.67	465.34
整体水箱安装 水箱总容量(22.5 m³ 以内)	台	3.00	245.24	735.72
汽水集配器安装 缸体直径(32 mm 以内)	台	1 317.00	12.38	16 304.46

续附表 B5

名称	工程量			价值/元	
	单位	数量	单价	合价	
(109016-1)分集水器					
单级离心泵安装 设备重量(0.2 t 以内)	台	1 317.00	54.50	71 776.50	
普通管道泵安装 设备重量(0.2t 以内)	台	14.00	243.78	3 412.92	
橡胶软接头安装 螺纹连接 公称直径(50 mm 以内)	台	2.00	167.97	335.94	
(1001-1)橡胶软管接头 公称直径(50 mm 以内)	个	14.00	9.51	133.14	
自动耦合泵导轨安装 导轨宽度或直径(50 mm 以内)	个	14.00	38.60	540.40	
水表安装 螺纹连接 公称直径(15 mm 以内)	付	12.00	38.93	467.16	
水表安装 螺纹连接 公称直径(15 mm 以内)	组	187.00	47.31	8 846.97	
水表安装 螺纹连接 公称直径(15 mm 以内)	组	6.00	47.31	283.86	
水表安装 螺纹连接 公称直径(25 mm 以内)	组	181.00	47.31	8 563.11	
水表安装 螺纹连接 公称直径(32 mm 以内)	组	8.00	52.40	419.20	
水表安装 螺纹连接 公称直径(40 mm 以内)	组	2.00	55.22	110.44	
水表安装 螺纹连接 公称直径(40 mm 以内)	组	5.00	323.28	1 616.40	
仪表安装 压力表 普通	组	1.00	59.67	59.67	
柔性防水套管制作 公称直径(400 mm 以内)	支	14.00	82.04	1148.56	
刚性防水套管制作 公称直径(15 mm 以内)	个	1.00	1299.57	1 299.57	
刚性防水套管制作 公称直径(20 mm 以内)	个	4.00	61.96	247.84	
	个	6.00	63.03	378.18	

续附表 B5

名称	工程量		价值/元	
	单位	数量	单价	合价
刚性防水套管制作 公称直径(32 mm 以内)	个	7.00	65.65	459.55
刚性防水套管制作 公称直径(40 mm 以内)	个	1.00	68.29	68.29
刚性防水套管制作 公称直径(50 mm 以内)	个	15.00	70.80	1 062.00
刚性防水套管制作 公称直径(50 mm 以内)	个	1.00	74.61	74.61
刚性防水套管制作 公称直径(80 mm 以内)	个	1.00	93.51	93.51
刚性防水套管制作 公称直径(100 mm 以内)	个	18.00	118.27	2 128.86
刚性防水套管制作 公称直径(100 mm 以内)	个	3.00	118.27	354.81
刚性防水套管制作 公称直径(150 mm 以内)	个	16.00	162.63	2 602.08
刚性防水套管制作 公称直径(150 mm 以内)	个	2.00	162.63	325.26
刚性防水套管安装 公称直径(50 mm 以内)	个	31.00	40.70	1 261.70
刚性防水套管安装 公称直径(50 mm 以内)	个	2.00	40.70	81.40
刚性防水套管安装 公称直径(100 mm 以内)	个	19.00	50.55	960.45
刚性防水套管安装 公称直径(100 mm 以内)	个	3.00	50.55	151.65
刚性防水套管安装 公称直径(150 mm 以内)	个	16.00	56.88	910.08
刚性防水套管安装 公称直径(150 mm 以内)	个	2.00	56.88	113.76
一般填料套管制作安装 公称直径(15 mm 以内)	个	2.00	5.63	11.26
一般填料套管制作安装 公称直径(20 mm 以内)	个	81.00	6.61	535.41

续附表 B5

名称		工程量		价值/元	
		单位	数量	单价	合价
一般填料套管制作安装	公称直径（20 mm 以内）	个	390.00	6.61	2 577.90
一般填料套管制作安装	公称直径（25 mm 以内）	个	131.00	7.67	1 004.77
一般填料套管制作安装	公称直径（25 mm 以内）	个	77.00	7.67	590.59
一般填料套管制作安装	公称直径（32 mm 以内）	个	301.00	9.33	2 808.33
一般填料套管制作安装	公称直径（32 mm 以内）	个	98.00	9.33	914.34
一般填料套管制作安装	公称直径（40 mm 以内）	个	66.00	12.29	811.14
一般填料套管制作安装	公称直径（40 mm 以内）	个	19.00	12.29	233.51
一般填料套管制作安装	公称直径（50 mm 以内）	个	70.00	15.62	1 093.40
一般填料套管制作安装	公称直径（50 mm 以内）	个	11.00	15.62	171.82
一般填料套管制作安装	公称直径（70 mm 以内）	个	136.00	20.02	2 722.72
一般填料套管制作安装	公称直径（70 mm 以内）	个	8.00	20.02	160.16
一般填料套管制作安装	公称直径（80 mm 以内）	个	49.00	28.18	1 380.82
一般填料套管制作安装	公称直径（80 mm 以内）	个	10.00	28.18	281.80
一般填料套管制作安装	公称直径（100 mm 以内）	个	76.00	36.37	2 764.12
一般填料套管制作安装	公称直径（100 mm 以内）	个	11.00	36.37	400.07
一般填料套管制作安装	公称直径（150 mm 以内）	个	4.00	61.99	247.96
一般填料套管制作安装	公称直径（150 mm 以内）	个	73.00	56.25	4 106.25

续附表 B5

名称	工程量		价值/元		
	单位	数量	单价	合价	
阻火圈安装 公称直径(100 mm 以内)	个	636.00	19.00	12 084.00	
(0114-1)阻火圈 公称直径(100 mm 以内)	个	636.00	76.54	48 679.44	
管道支架制作安装 室内管道 制作 一般管架	100 kg	6.32	568.93	3 595.64	
水冲洗 公称直径(50 mm 以内)	100 m	31.92	96.31	3 074.02	
水冲洗 公称直径(50 mm 以内)	100 m	202.28	96.31	19 481.59	
水冲洗 公称直径(100 mm 以内)	100 m	5.05	113.41	573.06	
水冲洗 公称直径(100 mm 以内)	100 m	5.05	113.41	573.06	
钢管刷漆 沥青漆 第一遍	m²	25.80	4.82	124.36	
钢管刷漆 银粉 第一遍	m²	187.50	2.84	532.50	
钢管刷漆 银粉 第二遍	m²	187.50	2.25	421.88	
金属构件及支架刷漆 防锈漆 第一遍	100 kg	6.32	42.66	269.61	
金属构件及支架刷漆 银粉漆 第一遍	100 kg	6.32	21.77	137.59	
金属构件及支架刷漆 银粉漆 第二遍	100 kg	6.32	21.21	134.05	
布面刷漆 管道 调和漆 第一遍	m²	440.00	4.66	2 050.40	
布面刷漆 管道 调和漆 第一遍	m²	109.75	4.66	511.44	
布面刷漆 管道 调和漆 第一遍	m²	40.10	4.66	186.87	
布面刷漆 管道 调和漆 第一遍	m²	402.60	4.66	1 876.12	

续附表 B5

名称	工程量		价值/元	
	单位	数量	单价	合价
布面刷漆 管道 调和漆 第二遍	m²	440.00	3.14	1 381.60
布面刷漆 管道 调和漆 第二遍	m²	109.75	3.14	344.62
布面刷漆 管道 调和漆 第二遍	m²	40.10	3.14	125.91
布面刷漆 管道 调和漆 第二遍	m²	402.60	3.14	1264.16
保护层 管道防结露器保温 聚氨酯泡沫塑料 厚 20 mm	m²	319.80	60.22	19 258.36
保护层 管道防结露器保温 聚氨酯泡沫塑料 厚 20 mm	m²	109.75	60.22	6 609.15
保护层 管道防结露器保温 聚氨酯泡沫塑料 厚 20 mm	m²	36.13	60.22	2 175.75
保护层 管道防结露器保温 聚氨酯泡沫塑料 厚 20 mm	m²	213.90	60.22	12 881.06
保护层 管道 缠铝箔	m²	1.84	8.29	15.25
保护层 管道设备 缠玻璃丝布	m²	440.00	4.26	1 874.40
保护层 管道设备 缠玻璃丝布	m²	109.75	4.26	467.54
保护层 管道设备 缠玻璃丝布	m²	36.13	4.26	153.91
保护层 管道设备 缠玻璃丝布	m²	402.60	4.26	1 715.08
密闭套管制作安装 直径(250 mm 以内)I 型	个	13.00	77.61	1 008.93
密闭套管制作安装 直径(250 mm 以内)I 型	个	6.00	77.61	465.66